U0292095

东方终端脱碳系统节能运行良好实践

曾庆军　主编

化学工业出版社

·北京·

本书作为一部 MDEA 脱碳工艺现场应用的综合型专著，通过引入大量管理和技术运用案例，详细介绍了东方终端脱碳系统以及相关节能管理和节能技术方面的良好作业实践。全书内容丰富，通俗易懂，可供从事油气田开发生产管理的研究和设计人员、项目管理人员、施工人员、工程技术人员、运行管理人员使用，也可供相关专业院校师生参考。

图书在版编目（CIP）数据

东方终端脱碳系统节能运行良好实践/曾庆军主编. —北京：化学工业出版社，2019.2
ISBN 978-7-122-33467-1

Ⅰ.①东… Ⅱ.①曾… Ⅲ.①天然气-脱碳-节能-研究 Ⅳ.①TE644

中国版本图书馆 CIP 数据核字（2018）第 286592 号

责任编辑：刘　军　　　　　　　　文字编辑：孙凤英
责任校对：张雨彤　　　　　　　　装帧设计：关　飞

出版发行：化学工业出版社（北京市东城区青年湖南街 13 号　邮政编码 100011）
印　　装：北京新华印刷有限公司
710mm×1000mm　1/16　印张 13　字数 184 千字
2019 年 3 月北京第 1 版第 1 次印刷

购书咨询：010-64518888　　售后服务：010-64518899
网　　址：http://www.cip.com.cn
凡购买本书，如有缺损质量问题，本社销售中心负责调换。

定　　价：120.00 元

本书编写人员名单

顾　　问：唐广荣　　叶冠群

主　　编：曾庆军

副 主 编：田汝峰　　张国欣　　李晓刚

参编人员：（按姓名汉语拼音排序）

陈永林　　陈肇日　　付生洪　　葛爱将

郭　昊　　李晓雯　　梁薛成　　刘向阳

吴建武　　熊荣雷　　杨诗礼　　于创业

张志鹏　　赵杰瑛　　郑成明　　朱光辉

前　言

近年来，由于我国能源战略的优化，对天然气的需求量快速增加。天然气在能源结构与经济领域中的地位越来越重要，已超过煤炭成为仅次于石油的第二大能源。

气田开采收集的天然气是含有多种可燃和不可燃气体的混合物，包括 H_2S、CO_2 以及有机硫等杂质，其中 CO_2 是造成全球气候变暖的主要因素之一。天然气中酸性气体的存在还会对管线、设备、仪表造成腐蚀。综上所述，商用天然气对 CO_2 含量有严格的限制要求。

随着天然气工业的发展，天然气脱碳工艺也得到了迅速的发展。例如变压吸附(PSA)技术、膜分离技术、低温分馏技术等新技术都在天然气净化中得到了良好的运用。天然气脱碳往往与脱硫并存，脱硫脱碳有多种多样的工艺，但主导工艺是胺法及砜胺法，近几年发展的技术包括膜分离法、变压吸附（PSA）法、超重力法等。

活化 MDEA 法又名 aMDEA 法，最初是用于氨合成装置合成气的脱碳，后来随着技术的不断改进，逐渐拓宽到天然气净化领域，成为应用范围很广的天然气净化技术。aMDEA 溶剂系统是向 MDEA 中加入一种或多种活化剂组成的 MDEA 基混合溶剂，活化剂可以是哌嗪、DEA、咪唑或甲基咪唑等，其目的是提高 CO_2 的吸收速率。活化 MDEA 溶剂的物理/化学性质可根据活化剂的组成进行调节，并具有酸气溶解度高、烃类（C_{3+}）溶解度低、低蒸气压、化学/热稳定性好、无毒、无腐蚀等特性，因而使该工艺具有能耗低、投资费用低、溶剂损失少、气体净化度高、酸气纯度高、溶液稳定、对环境无污染和对碳钢设备腐蚀很小等优点。

东方终端共有三套脱碳装置，均采用活化 MDEA 法，自投产以来，在节能管理和节能技术方面涌现出了系列的良好作业实践，这些实践经验可在陆地和海上油气田推广运用。

为了总结东方终端脱碳系统节能运行良好实践并固化为管理制度和工作思路，同时让项目设计人员及工程管理人员对脱碳系统的运行及节能改造有所了解，湛江分公司组织编写了这本书。本书主要介绍东方终端脱碳工艺、节能管理和节能方面良好作业实践以及节能潜力分析，引入了大量管理和技术运用案例。 其中，节能管理良好实践包括稳定生产促节能、安全生产促节能、节能精细化管理三方面，节能技术良好实践包括水力透平在脱碳系统中的运用、脱碳二期水力透平改造、贫液增压泵改造、闪蒸气回收改造、脱碳系统脱碳能力提升改造、旁滤流程改造优化等内容。 本书可供石油企业从事新油气田开发生产的相关人员参考，对研究和设计人员、项目管理人员、施工人员、工程技术人员、运行管理人员具有很高的参考价值。

编者
2018 年 10 月

目 录

第 3 章　东方终端脱 CO$_2$系统 ┃ 044

第 4 章　东方终端脱 CO_2 装置节能良好实践　093

第1章
东方终端简介及能耗分析

 1.1 东方终端简介

1.1.1 概述

东方终端作为上游气田的陆上终端，主要具有两方面的功能：一是对上岸天然气进行处理和对凝析油进行稳定，处理后的天然气供给与终端毗邻的某化肥厂和外输到某电厂以及海口市；二是具有对海上平台设施远程监控的功能，确保在台风期间生产人员撤离后天然气生产的连续性和可操作性。

终端生产设施主要有天然气进站分离系统、天然气烃露点控制系统（丙烷制冷系统）、脱 CO_2 和脱水系统、天然气压缩冷却外输计量系统、凝析油稳定系统、凝析油储存装车系统、燃料气系统，并伴有供热、供风、供水、循环水、消防、供电、通信、化验分析、生活办公及配套的公用设施。

乐东气田处理装置的生产设施主要包括天然气处理装置，凝析油处理装置，外输计量设施，凝析油储运系统，丙烷制冷、燃料气、甲醇、仪表风、排污、放空、导热油用户单元，循环水用户单元等辅助配套系统，是一座较为独立、完善的油气综合处理厂。同时考虑到气田之间的综合调配及利用，将两个气田进站气源连通，增加相关连接调配设施，实现两个气田处理装置的综合利用，发挥其最大功效。

1.1.2 终端主要工艺概况

（1）天然气过滤分离单元

终端接收来自海上气田的天然气和少量凝析油，进站压力约3.5MPa。海管来天然气首先进入段塞流捕集器（V-A102、V-LA102），在段塞流捕集器中将凝析油分离出来，分离出的气体经过调压阀稳压后（乐东终端海管来的天然气先经过调压阀稳压，再进入段塞流捕集器）进入过滤分离器（V-A203、V-LA203）进一步分离，分离后的天然气一部分控制烃露点后去脱碳和增压装置增压外输，另一部分调压后去化肥（甲醇）一路。东方气田处理装置和乐东气田处理装置段塞流捕集器气相出口管线可相互连通，设切换阀组、流量计、调节阀，可实现东方气田处理装置和乐东气田处理装置天然气互补功能。终端天然气处理系统工艺流程见图1-1。

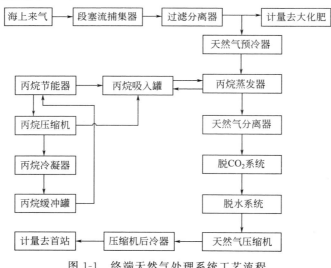

图 1-1　终端天然气处理系统工艺流程

（2）露点控制单元

为满足外输天然气烃露点＜5℃的要求，外输部分天然气首先进天然气预冷器（E-A205、E-LA305）冷却，再进入丙烷蒸发器（E-A206、E-LA306）进一步冷至 4℃，然后进入天然气分离器（V-A204、V-LA304）分离出凝液，凝液与进站凝析油混合后去稳定装置，天然气进脱碳单元脱除 CO_2 或直接进外输计量单元。

（3）脱碳、脱水、增压外输单元

脱碳、脱水单元布置在露点装置与终端增压机之间，自露点控制单元来的天然气进脱碳吸收塔，由下向上流动，与自上而下的 MDEA 溶液逆流接触，MDEA 溶液吸收 CO_2，得到净化天然气［CO_2含量小于 1.5％（摩尔分数）］，净化天然气经冷却后进干燥塔或三甘醇吸收塔进行脱水。自脱碳、脱水单元来的天然气，与未脱碳天然气混合，进天然气增压机升压至 6.7MPa 后经冷却至 45℃，经外输首站外输到某电厂和海口市。

（4）凝析油处理单元

段塞流捕集器、过滤分离器、天然气分离器等容器分离出的凝液进凝析油稳定系统，为避免凝析油节流温降过大，凝析油先与稳后凝析油换热初步升温，经调压阀调压，再进入凝析油分离器闪蒸，闪蒸后的天然气进入低压燃料气系统，闪蒸后的凝析油分为两部分，一部分经凝析油进料换热器与塔底稳定凝析油换热，升至一定温度后从稳定塔中部进料，另一部分作为冷回流从稳定塔上部进料。塔底稳定凝析油经塔底再沸器加热后进入凝析油换热器与中间进料换热，温度降低后进入凝析油预热器与进装置的凝析油换热进一步降温，然后进入燃料气换热器和凝析油冷却器冷却到 40℃后进入储罐，装车外销。

凝析油稳定塔顶闪蒸气经火炬分液罐去低压火炬燃烧放空。凝析油稳定系统工艺流程见图 1-2。

（5）燃料气系统

东方处理装置除应急发电机用柴油作燃料外，其他燃料全采用燃料气。该装置建有高压（1.8MPa）和低压（0.5MPa）燃料气系统。高压燃料气引自脱烃后天然气，用户为三台天然气增压机。低压燃料气来自

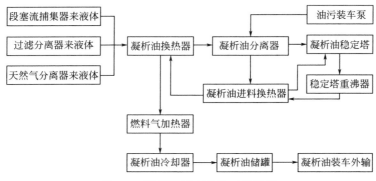

图 1-2 凝析油稳定系统工艺流程

脱碳和脱水后的天然气，用户为蒸汽锅炉、热媒炉、再生气加热炉和自备电站。

乐东处理装置只有低压燃气系统，用户为导热油炉及蒸汽锅炉。燃料气供气压力为 0.55MPa。东方处理装置高压燃料气系统与乐东处理装置燃料气系统连通，可以实现燃气系统互为备用。燃料气系统流程简图见图 1-3。

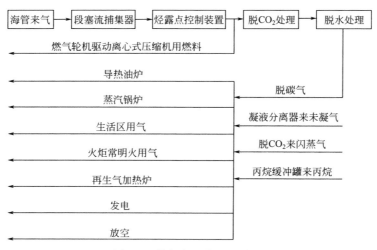

图 1-3 燃料气系统流程简图

（6）供热系统

终端供热系统包括热媒系统、蒸汽系统、再生气加热炉及余热锅炉。

东方一期蒸汽系统设 2 台 10t/h 的蒸汽锅炉（一开一备），用户为脱 CO_2 系统的再生塔底再沸器；热媒系统设 2 台 250kW 的热媒炉（互为备用），为凝析油稳定塔提供热源。东方二期蒸汽系统设 3 台 10t/h 的蒸汽锅炉（两开一备），用户为脱 CO_2 系统的再生塔底再沸器。东方一期、二期干燥系统设 3 台 1000kW 再生气加热炉（两开一备），为脱水系统分子筛再生提供热源。

乐东蒸汽系统设 2 台 15t/h 的蒸汽锅炉（一开一备），蒸汽用户为脱 CO_2 系统的再生塔底再沸器。乐东热媒系统设 2 台 350kW 的热媒炉（互为备用），用户为凝析油稳定塔再沸器和脱水单元三甘醇再生釜。

终端为回收燃气透平压缩机组烟气余热新建余热锅炉一台，产生的蒸汽送入低压蒸汽管网，为脱碳单元供热，以减少蒸汽锅炉的燃气消耗。目前终端供热系统简图如图 1-4 所示。

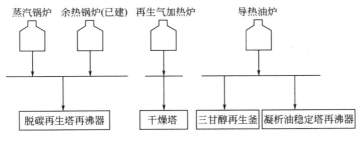

图 1-4　供热系统简图

1.1.3　终端上岸气特点

终端天然气中含有酸性组分，酸性组分主要为 H_2S、CO_2，这些组分在开采、处理和储运过程中会造成设备和管道腐蚀，用作燃料时会污染环境，危害用户健康，此外天然气中 CO_2 含量过高也会降低其发热值。图 1-5 为终端一期设计上岸天然气组成，由图可知，终端来气具有高 CO_2、低凝液、低 H_2S 的特点。由于无须脱除硫化物，终端在

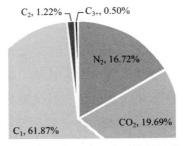

图 1-5　一期设计上岸天然气组成

设计时建有脱CO_2系统一套，系统使用活化 MDEA 法即可脱除酸性气体。同时，由于凝液含量较低（C_{3+}），无须增设 LPG 回收流程。

项目投产后，由于天然气中CO_2含量上升较大［终端进气中CO_2含量由原设计的 19.7%（摩尔分数）升至接近 30%（摩尔分数）］，导致原装置的处理能力难以满足生产需要，故增设二期脱碳系统，设计规模为处理 CO_2 含量 30% 的天然气，处理量（标准状态，即 0℃、101325Pa）$8 \times 10^8 m^3/a$（$10 \times 10^4 m^3/h$）。随着乐东气田新建平台相继投产，后续又建设了乐东脱碳系统。

 ## 1.2 东方终端能耗分析及优化

1.2.1 东方终端能耗分析

（1）工艺特点

东方终端一期工程于 2002 年 1 月正式开工，2003 年投产。投产后由于天然气中CO_2含量上升至接近 30%（摩尔分数），导致原装置的处理能力难以满足生产需要，故新建二期脱碳系统，并于 2005 年 6 月投产成功。终端正式投产后，下游用户用气量大幅增加（下游甲醇装置年用气量为 $15 \times 10^8 m^3$，同时，电厂等各用户用气量大幅增加，最大协议年供气量已达到 $10.9 \times 10^8 m^3$，而东方终端在年最大处理规模 $26 \times 10^8 m^3$ 的工况下，每年只能供给电厂 $4.6 \times 10^8 m^3$ 的天然气），为满足下游用户天然气需求量大幅增加的要求，作业公司在 2008 年投产乐东气田，并建立乐东陆上处理终端（三期）。表 1-1 为终端工程设计规模，从表中可以看出，终端工程在脱碳系统、脱水系统、凝析油稳定系统及供热系统都存在重叠，在循环水系统及供电、供风等公用工程方面共用一套设施。整个工艺生产设施是分批建设的，多条工艺流程并联，同类装置多，分批设计时没有考虑同类装置的协同生产和调度，导致操作费用和能耗较高。

表 1-1　终端工程设计规模

生产子系统	一期	二期	三期
天然气分离系统	天然气分离系统设计规模 24×10⁸m³/a	与一期共用	设计规模 20×10⁸m³/a
脱 CO_2、脱水处理系统	8×10⁸m³/a(含二氧化碳 19.7%)	8×10⁸m³/a(含二氧化碳 30%)	4×10⁸m³/d
凝液稳定系统	72t/d	与一期共用	100m³/d
凝液储存装车系统	2 个 400m³ 凝析油内浮顶储罐，装车能力 25m³/h	与一期共用	与一期共用
含油污水处理系统	设计最大处理量 144m³/d	与一期共用	与一期共用
生活水、消防水、循环水、脱盐水	生活水 25m³/h，消防水 270m³/h，循环水 1082m³/h，脱盐水 25m³/h	与一期共用	与一期共用
供热系统	2 台 250kW 热媒炉，2 台 10t/h 蒸汽锅炉，1 台 893kW 再生气加热炉	与一期共用	2 台负荷为 15t/h 的蒸汽锅炉，2 台 350kW 导热油炉
供风系统	工厂风和仪表风 300m³/h，大化肥提供氮气(标准状态)250m³/h	与一期共用	工厂风和仪表风 300m³/h，与一期并联使用
供电系统	总装机容量 4835kW，计算负荷 2891kW，另设 1 台 515kW 应急发电机 1 台(天然气压缩机采用透平驱动，负荷为 3000kW)	与一期共用	与一期共用
化学药剂系统	共 10 种化学药剂，包括杀菌剂，阻垢剂，反乳化剂，缓蚀剂，消泡剂，防腐剂，MDEA，丙烷，乙二醇	与一期共用	与一期共用
中控系统	共 782 点(其中 PCS 457 点，SCS 325 点)，7 台操作站，另单独设锅炉 DCS 控制系统 1 套	与一期共用	相对独立
通信系统	包括卫星地面站系统，程控、单边带、甚高频、广播和电视监控系统等	与一期共用	与一期共用
化验分析	包括天然气、凝析油、MDEA、循环水、污水、锅炉供给水、锅炉烟气等介质的化验	与一期共用	与一期共用
土建	包括生活办公楼，辅助室(库房、车库、机电仪维修间)，消防泵房、锅炉控制室、中控楼(包括变配电室)，喷淋阀组间，值班室等	与一期共用	与一期共用

（2）公用工程系统特点

东方终端公用工程主要包括热媒系统、蒸汽系统以及循环水系统。表1-2为终端供热系统现有装置运行参数，加热炉效率按照净能量输出与燃料总热值比进行计算。由表1-2可知，由于终端分批建设公用工程，未能统筹安排，所使用加热炉数目众多，且每个加热炉负荷小，导致整体能量效率低下。部分加热介质采用油类，无法实现热电联产，降低能量使用效率。此外，加热、制冷、压缩等做功没有集中考虑，缺乏系统优化，动力、热能和冷能三种能量形式基本上是割裂的，而实际上完全可通过热电联产或燃气轮机加补燃的方式，大力提升能源效率。循环水系统亦存在多且分散、能效低、不利于能效提高的特点。

表1-2 终端供热系统现有装置运行情况

设备名称	燃气轮机发电机组	蒸汽锅炉	再生气炉	导热油炉
设备数量	1	7	3	4
运行设备数量	1	4	2	2
燃料气消耗量(标准状态)/(m³/d)	49084	54941	2204	734
燃料气消耗量/(kg/d)	42486	47555	1908	635
燃料气烃含量/(kmol/d)	1705	1908	77	25
燃料气烃含量/(kg/d)	27277	30531	1225	408
燃料气能量/(10⁴kcal/d)	32757	36665	1471	490
产出电力/(kW·h/d)	87384	—	—	—
产出蒸汽压力/MPa	—	0.6	—	—
产出蒸汽温度/℃	—	190	—	—
产出蒸汽流量/(t/h)	—	22.4	—	—
再生气压力/MPa	—	—	3.18	—
再生气入口温度/℃	—	—	28	—
再生气出口温度/℃	—	—	189	—
再生气流量(标准状态)/(m³/h)	—	—	14265	—
能量输出/(10⁴kcal/d)	7526	30874	1168	—
有效能输出/(10⁴kcal/d)	7526	10214	369	—
热效率/%	22.98	84.21	79.41	—
㶲效率/%	22.98	27.86	25.10	—

注：1cal＝4.18J，下同。

（3）装置能耗分析

东方终端、乐东终端工艺及公用工程装置直接能源消耗为天然气和电力，其他能源消耗（例如蒸汽）均为装置自产，并不消耗外部能源，装置并无能量输出。2015 年东方终端各能源消耗比例如表 1-3 所示。

表 1-3　东方终端不同能源消耗情况

类型	年消耗	折标系数	折标量	占比
高压燃料气	$2538.9 \times 10^4 m^3$	$0.6275 kgce/m^3$	15931.6tce	31.64%
低压燃料气	$3679.3 \times 10^4 m^3$	$0.8868 kgce/m^3$	32628.0tce	64.80%
购入电	$1455.3 \times 10^4 kW \cdot h$	$0.1229 kgce/(kW \cdot h)$	1788.6tce	3.56%
总计	—	—	50348.2tce	100%

由表 1-3 可知，东方终端主要能源消耗为燃料天然气，占比 96.44%。其电耗占比很小，电力优化空间不大，装置节能潜力主要在燃料天然气上。

装置消耗燃料天然气设备，分别为蒸汽锅炉、燃气轮机、再生气加热炉和导热油炉，各设备燃料气消耗情况如表 1-4 所示。

表 1-4　耗气设备燃料气消耗情况

设备	年消耗/m^3	折标量/tce	占比/%
蒸汽锅炉	2284.1×10^4	20255.4	41.73
燃气轮机（压缩）	2538.9×10^4	15931.6	32.82
燃气轮机（发电）	1291.7×10^4	11454.8	23.60
再生气加热炉	79.4×10^4	704.1	1.45
导热油炉	22.2×10^4	196.9	0.40

蒸汽锅炉消耗燃料天然气为脱碳工艺提供热量以达到分离要求，能量需求不能改变，若要减少燃料气消耗量，需提高蒸汽锅炉效率或回收系统内的热量以减少蒸汽消耗；燃气轮机（压缩）主要为天然气压缩机提供动力，在单台设备效率不变的情况下，燃料气消耗不会改变；燃气轮机（发电）在用电负荷不变的情况下仅能从提高能量利用率方面制定优化方案。

1.2.2　物料计算基准

终端用能优化方案的物料和能量核算基于物流数据、装置运行参数以及设计数据等，并辅助参考流程模拟软件 Aspen Plus 的模拟计算结果。表 1-5 为工艺装置物料平衡表，由于设备众多且原料气无详细的成分分析，因此表中只列出了后续优化方案所涉及的主要组分物料平衡情况。

表 1-5　主要操作过程物料平衡表

物流名称	温度/℃	压力/MPa	体积流量/(m³/h)	含量/%		
				CH₄	N₂	CO₂
东方上岸气	27.0	3.43	28.7×10⁴	55.02	13.31	31.67
乐东上岸气	28.5	3.48	26.2×10⁴	66.50	13.72	19.78
一期再生气						
进 H-G301	28	3.18	7286	55.02	13.31	31.67
进 V-A947A/B	189	3.18	7286	55.02	13.31	31.67
进 E-Q328	30～180	3.18	7286	55.02	13.31	31.67
进 T-Q103	40	3.1	7286	55.02	13.31	31.67
二期再生气						
进 V-Q327	28	3.18	7692	55.02	13.31	31.67
进 V-A327A/B	189	3.18	7692	55.02	13.31	31.67
进 E-Q328	30～180	3.18	7692	55.02	13.31	31.67
进 T-Q103	40	3.1	7692	55.02	13.31	31.67
东方凝析油						
进 E-B101	28	3.2	1.6	—	—	—
进 V-B102	46	2.0	1.6	—	—	—
进 E-B103	33	0.56	1.6	—	—	—
进 T-B106	78	0.56	1.6	—	—	—
进 E-B103	124	0.26	1.58	—	—	—
进 E-B101	89	0.26	1.58	—	—	—
燃气轮机						
入口天然气	35	0.3	1450.8	77.8	17.67	4.53
入口空气	28	0.1	43180.6	O₂:21;N₂:79		
出口烟气	590	0.2	44629(80t/h)	H₂O:5.1;O₂:15.2;N₂:77;CO₂:2.7		

1.2.3 能量计算基准

用能优化方案的能量核算所需数据主要涉及低压燃料气系统的天然气热值，主要根据生产报表及 DCS 采集数据中的物料成分计算所得，部分物料折标系数选取标准规定值。

东方、乐东处理装置主要能源消耗为燃料天然气，其他能源消耗均为二次能源消耗，主要是外购电力。终端于 2014 年实施了余热回收改造项目，利用燃气透平压缩机组烟气余热生产蒸汽而减少蒸汽锅炉的燃气消耗，对终端能源消耗产生了重大影响。终端综合用能情况见表 1-6。

表 1-6　终端能源消耗情况统计表

类型	年消耗	折标系数	折标煤	能耗占比/%
高压燃料气	$2538.9 \times 10^4 m^3$	$0.6275 kgce/m^3$	15931.6tce	31.62
低压燃料气	$3679.3 \times 10^4 m^3$	$0.8868 kgce/m^3$	32628.0tce	64.74
柴油	4.6t	1.4571kgce/kg	6.7tce	0.01
自发电	$2577.5 \times 10^4 kW \cdot h$	$0.1229 kgce/(kW \cdot h)$	3167.7tce	—
购入电	$1455.3 \times 10^4 kW \cdot h$	$0.1229 kgce/(kW \cdot h)$	1788.6tce	3.55
新鲜水	$493706.4 m^3$	0.0857kgce/t	42.3tce	0.08
总计	—	—	50397.2tce	100

1.2.4 用能优化改进思路

根据过程系统三环节能量流结构模型，从能量演变方面可以将过程系统划分为：能量转化环节、能量利用环节和能量回收环节。图 1-6 为三环节能量流结构模型和㶲流结构模型。利用三环节方法和能量流结构模型，对装置进行能量利用评估并获取相关优化思路。

（1）能量转化环节

东方终端能量转化环节主要为燃料气燃烧化学能转化为其他形式能量，诸如电能、机械能及热能等。能量转化过程包括汽轮机发电、压缩机、锅炉产蒸汽、再生气加热炉、热媒炉、泵等。表 1-7 为燃料气能量转化环节统计表。

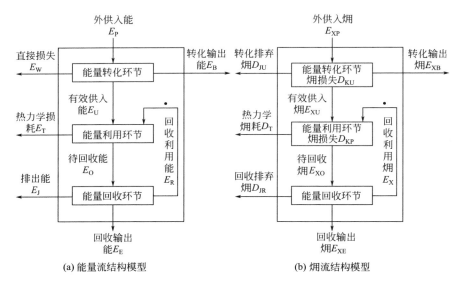

(a) 能量流结构模型　　　　　　　　(b) 烟流结构模型

图 1-6　三环节能量流结构模型和烟流结构模型

表 1-7　燃料气能量转化分析

	项目	转换形式	年消耗/×10⁴m³	折标煤/tce	占比/%
东方终端	发电机	电能	1291.7	11454.8	23.59
	压缩机	机械能	2538.9	15931.6	32.81
	蒸汽锅炉	热能	1529.2	13560.9	27.93
	再生气加热炉	热能	79.4	704.1	1.45
	热媒油炉	热能	10.4	92.2	0.19
	生活区	热能	1.9	16.8	0.03
乐东终端	蒸汽锅炉	热能	754.9	6694.5	13.78
	热媒油炉	热能	11.8	104.6	0.22
总计		—	6218.2	48559.5	100

由表 1-7 中燃料气消耗情况可知，燃料气化学能第一部分转化为热能（43.60%），用于产蒸汽和加热导热油，对工艺物流进行加热；第二部分转化为机械能（32.81%），用于压缩天然气进行传输，由于大量处理后的天然气需要进行压缩以达到下游用户需求压力，导致压缩机耗能居高不下；第三部分转化为电能（23.59%），电能为终端自用，使用燃料气自备电机进行发电，可解决自身用电需求的 64% 左右，对工艺的

稳定提供了良好基础。

由于受终端处理装置分期建设影响，公用工程也为分批建设，未能进行统筹安排，所使用的蒸汽锅炉、加热炉数目众多，且目前单台设备负荷小，导致普遍能量利用效率较低，可考虑设法提高单台设备负荷以提高效率。

（2）能量利用环节

终端一次能源几乎全部来自燃料气，在能量利用环节所需能量由燃料气转换而来，因此使用燃料气消耗对各工艺进行能量利用分析。由于终端不存在反应，所有能量消耗在分离上，终端各分离过程能源消耗情况见表1-8。分离过程主要包括天然气脱碳、脱水和凝析油稳定，由表1-8可知，脱碳过程消耗占能量利用所有消耗的95.74%，因此该环节应对脱碳过程进行重点分析，通过操作参数优化降低脱碳的能量需求。

表 1-8　能量利用环节耗能分析

工艺	燃料气年消耗/m³	折标煤/tce	占比/%
脱碳（分离）	2284.1×10^4	20255.4	95.74
脱水（分离）	84.0×10^4	744.9	3.52
凝析油稳定（分离）	17.6×10^4	156.1	0.74

（3）能量回收环节

终端装置能量回收主要包括凝析油稳定系统换热，再生气系统换热，脱碳系统换热等，换热网络相对简单。当前脱碳系统贫液的能量经与半贫液换热得到充分回收（换热温差为15℃左右），回收较合理。分子筛再生单元热吹阶段，高温再生气的热量并未回收，该热量可以考虑回收。当前操作工况与设计工况有一定偏差，可以考虑现有回收环节是否仍然充分，比如凝析油稳定单元，由于凝析油间歇操作，导致热量回收不合理。部分设备未考虑余热回收和热电联产，降低了能量使用效率。此外，加热、制冷、压缩等做功没有集中考虑，缺乏系统优化。

东方终端共计有三套脱碳装置，三套脱碳装置背景如下：

（1）一期脱碳背景

中海油某用户于 2001 年 12 月 17 日向集团公司提出去某电厂和海口市的 $8×10^8 m^3/a$ 的天然气需要进行脱 CO_2 处理，主要原因是德国西门子公司向某电厂提出的油改气方案，明确答复必须脱除东方 1-1 天然气中的 CO_2，确保天然气低热值，才能保证电厂正常发电。

（2）二期脱碳背景

由于已建一期脱碳装置设计年脱 CO_2 能力为 $1.7×10^8 m^3$，年相应处理能力最大为 $6×10^8 m^3/a$，净化气外输量最大为 $4.3×10^8 m^3/a$。为满足某用户用气量和气质要求，需每年向用户补充脱碳后净化气 $1.5×10^8 m^3$，因此外输净化气量每年只有 $2.8×10^8 m^3$，远不能满足年外输首站气量 $7.1×10^8 m^3$ 的要求。为保证终端供气气质，除了气田内部采取不同 CO_2 含量的气井产量调配外，还需在东方终端新增天然气脱 CO_2 装置。脱碳二期于 2004 年 10 月开工建设，于 2005 年 6 月底投用。新增脱碳装置设计规模为：年处理 CO_2 含量 30％ 的天然气 $8×10^8 m^3$（$10×10^4 m^3/h$）。工程内容包括自露点装置至天然气外输之间的天然气脱碳、脱水设施及配套系统，主要功能是对海上来气进行脱碳，以满足下游用户的需求。

（3）乐东脱碳背景

根据东方终端生产的实际情况，东方脱碳装置已达到最大处理能力，已无剩余脱碳能力供乐东气田脱碳处理，且下游用户净化气需要量增大。因此，乐东气田陆上终端天然气处理装置必须进行脱碳装置的建设。乐东气田天然气处理脱碳装置建成后，其下游用户用气量每年分别为外输甲醇装置（非脱碳气）$13.8×10^8 m^3$（低热值），某电厂外输气（脱碳气与非脱碳气混合后）$5.6×10^8 m^3$（高热值），脱碳气处理量随上游天然气量及下游用户用量适当调整。

第2章
天然气脱 CO_2 工艺

2.1 概述

近年来，由于我国节能减排、能源战略的优化，对天然气的需求量快速增加。天然气在能源结构与经济领域中的地位越来越重要，已超过煤炭成为仅次于石油的第二大能源。

开采收集的天然气是含有多种可燃和不可燃气体的混合物，包括 H_2S、CO_2 以及有机硫等杂质。H_2S 是一种有毒气体，危害人体健康，能使多种催化剂中毒失活，并且是酸雨形成的主要原因之一。CO_2 是造成全球气候变暖的罪魁祸首。天然气中酸性气体的存在还会对管线、设备、仪表造成腐蚀。综上所述，商用天然气对 H_2S、CO_2 有严格的限制要求。因此，作为天然气净化工艺的"龙头"，脱硫脱碳工艺研究和改进得到了广泛关注。

随着天然气工业的发展，天然气净化工艺也得到了迅速的发展。例如变压吸附（PSA）技术、膜分离技术、低温分馏技术等新技术都在天然气净化中得到了良好的运用。天然气脱碳往往与脱硫并存，脱硫脱碳有多种多样的工艺，但主导工艺是胺法及砜胺法，近年来发展的技术包括膜分离技术、变压吸附（PSA）技术、超重力技术等。

2.1.1 吸收法脱碳工艺

吸收法是一种常用的天然气脱碳方法，应用广泛，适用于 CO_2 负荷较高的工况。该法按溶液吸收和再生方式的不同，可分为化学吸收法和物理吸收法。

2.1.1.1 化学溶剂吸收法

化学溶剂吸收法是以碱性溶液吸收 H_2S 及 CO_2 等，并于再生时又将其放出，包括使用有机胺的 MEA 法、DEA 法、DIPA 法、DGA 法、MDEA 法及位阻胺法等，使用无机碱的活化热碳酸钾法也有应用。化学溶剂吸收法又包括常规胺法和选择性胺法：

（1）常规胺法

常规胺法系指较早即在工业上获得应用的、可基本上同时脱除 H_2S 及 CO_2 的胺法，目前常规胺法所使用的烷醇胺包括一乙醇胺（MEA）、二乙醇胺（DEA）及二甘醇胺（DGA）。

① 一乙醇胺（MEA）法　MEA 法的特点有：

a. 高净化度　不论是 H_2S 还是 CO_2，MEA 法均可将其脱除达到很高的净化度。对于天然气管输指标，要获得低于 $20mg/m^3$ 或 $5mg/m^3$ H_2S 指标是容易的。

b. 化学性能稳定　能够最大限度地减少溶液降解，用蒸气汽提容易使它与酸气组分分离。

c. 脱除一定量的酸气所需要循环的溶液较少　在普通的胺中因其分子量最低，故在单位质量或体积的基础上，它具有最大的酸气负荷。

d. 腐蚀限制了 MEA 溶液浓度及酸气负荷　为了使装置腐蚀控制在可以接受的范围内，通常 MEA 溶液浓度在 15％左右，酸气负荷一般也不会超过 $0.35mol/mol$，按体积计不超过 $20m^3/m^3$。

e. MEA 装置通常配置溶液复活设施　MEA 与 CO_2 存在不可逆的

降解反应，系统内除 H_2S 和 CO_2 之外的强酸性组分又会与 MEA 结合形成无法再生的热稳定盐，通常采取加碱措施，加碱只能使热稳定盐中的 MEA 析出，而无法使降解物复原成 MEA。

② 二乙醇胺（DEA）法　DEA 法的特点有：

a. 用于天然气净化可保证净化度　DEA 的碱性较 MEA 稍弱，平衡时气相中的 H_2S 及 CO_2 分压要高一些，不适用于高压条件的天然气净化。

b. DEA 法通常不安排溶液复活设施　采用侧线加碱真空蒸馏复活 DEA 溶液的效果不佳，故 DEA 装置通常不设复活设施。

③ 二异丙醇胺（DIPA）法　DIPA 法的特点有：

a. 蒸汽耗量低　DIPA 富液再生容易，所需的回流比显著低于 MEA 和 DEA。

b. 腐蚀轻　其腐蚀速率低于 MEA 和 DEA。

c. DIPA 分子量大，熔点较高，导致配制溶液较为麻烦。

④ 二甘醇胺法（DGA）　DGA 法的特点有：

a. 高 DGA 浓度　DGA 法的溶液浓度高达 65％，循环量相应降低可获得节能效果。

b. 高 H_2S 净化度　即使贫液温度高达 54℃，也可保证 H_2S 净化度，因此溶液冷却可仅使用空冷而不用水冷，故适用于沙漠及干旱地区。

c. 二甘醇胺溶液凝固点低　在通常使用的 DGA 浓度下，溶液的凝固点低于 －40℃，而 MEA 及 DEA 等溶液则在 －10℃ 以上，所以 DGA 法适于寒冷地区使用。

（2）选择性胺法

选择性胺法系指在气体中同时存在 H_2S 与 CO_2 的条件下，几乎完全脱除 H_2S 而仅吸收部分 CO_2，可以实现选择性脱硫的工艺。选择性胺法目前的方法有甲基二乙醇胺（MDEA）法，二异丙醇胺（DIPA）法，某些空间位阻胺（SHA）、MDEA 配方溶液、活化 MDEA 以及混合胺工艺等。

选择性胺法的工艺特点包括：溶液有较高的 H_2S 负荷；H_2S 净化度的变化较为灵敏；选择性胺法的能耗低，该法由于溶液 H_2S 负荷高而循环量低，从而可降低能耗，并且单位体积溶液再生所需蒸汽量也显著低于常规胺法；装置处理能力增大，选择性胺法因操作的气液比（气液比是指单位体积溶液处理的气体体积，单位为 m^3/m^3）较高，从而可提高装置处理能力；选择性胺法抗污染的能力较弱，由于 MDEA 的碱性较常规醇胺弱，一些杂质，特别是强酸性杂质进入溶液后对其净化能力的影响也就大于其他醇胺，所以选择性胺法装置的溶液更需精心维护，防止外来杂质污染溶液。

① 甲基二乙醇胺（MDEA）法

a. 甲基二乙醇胺（MDEA）法的特点

i. 选择性好　由于 MDEA 水溶液与 H_2S 反应比 CO_2 快得多，在脱除 H_2S 的同时只能脱除部分 CO_2。

ii. 节约能量　与 MEA 法相比，MDEA 法溶液浓度高，酸气负荷高，溶液循环量小，加之解析热低和 CO_2 吸收量低，可大大降低工艺过程所需能量。

iii. 腐蚀轻微　与 MEA 法相比，该法解析温度较低，再生系统腐蚀轻微。

iv. 稳定性好　不与 CO_2 环化成噁唑烷酮类或衍生成其他变质产物。

v. 溶剂损失小　MDEA 蒸气压低，故气相损失小。该溶剂稳定性好，变质损失亦小。

b. MDEA 溶液　DEA 配方溶液系以 MDEA 为主剂，在溶液中加有改善其某些性能化学剂的溶液。当天然气中含少量 H_2S 且 CO_2/H_2S 值较高，但 CO_2 含量不是很高且不需深度脱除 CO_2 时，就可考虑采用合适的 MDEA 配方溶液。MDEA 配方溶液是一种高效气体脱硫脱碳溶液，它通过在 MDEA 溶液中复配不同的化学剂来增加或抑制 MDEA 吸收 CO_2 的动力学性能。因此，有的配方溶液可比 MDEA 具有更高的脱硫选择性，有的配方溶液也可比其他醇胺溶液具有更好的脱除 CO_2 效果。与 MDEA 和其他醇胺相比，采用合适的 MDEA 配方溶液脱硫脱碳可明显降低溶液循环量和能耗，而且其降解率和腐蚀性较低，故已在国外获得广泛应用。

对于高碳硫比的天然气，则应采用既可深度脱除 H_2S（$\leqslant 20mg/m^3$），

又可脱除大量的 CO_2（$\leqslant 3\%$）的脱硫脱碳溶液，以保证净化气质量符合要求，并取得良好的节能效果。

② 活化 MDEA 工艺　活化 MDEA 溶液系在 MDEA 溶液中加有促进 CO_2 吸收的活化剂的体系。MDEA 作为选吸溶剂是基于它与 CO_2 的反应速率较慢，用于脱碳则需加入活化剂以加快与 CO_2 的反应速率。其可用的活化剂有哌嗪、DEA、咪唑或甲基咪唑等。

活化 MDEA 工艺可从只含 CO_2 的气体混合物中大量脱除 CO_2；又可从含少量 H_2S 且 CO_2/H_2S 值很高的气体混合物中大量脱除 CO_2，兼可脱除一定量的 H_2S；也可从含少量 H_2S 而 CO_2/H_2S 值高的气体混合物中深度脱除 CO_2，兼可脱除一定量的 H_2S。

③ 混合胺工艺　MDEA 具有化学稳定性好、不易降解变质、能耗低、选择性好、不易发泡和腐蚀性低等特点，在天然气净化领域得到了广泛应用。但在需要大量脱除 CO_2 的情况下，MDEA 与 CO_2 之间反应速率很慢就成为了障碍。

克服此障碍的一个途径是在 MDEA 中加入一定量的 MEA 或 DEA 组成混合胺溶剂，即以伯醇胺或仲醇胺能与 CO_2 反应而生成氨基甲酸酯的快速反应来激活 MDEA，从而克服了 MDEA 溶剂脱硫脱碳存在的两个缺陷：

a. MDEA 由于其碱性较弱，在低的吸收压力下净化气中 H_2S 含量不易达到我国一类天然气标准（$\leqslant 6mg/m^3$）。

b. 在原料气中含有大量 CO_2（或 CO_2/H_2S 非常高）时，净化气中 CO_2 含量达不到气质标准的要求。伯醇胺或仲醇胺加入 MDEA 后，不仅自身与 CO_2 反应而生成氨基甲酸酯，也提高了 MDEA 与 CO_2 的反应速率，伯醇胺或仲醇胺实际上也起到催化剂的作用。

④ 其他选择性胺法工艺　其他选择性胺法有二异丙醇胺常压选吸工艺和位阻胺法等。DIPA 在常压下具有选择性脱除 H_2S 的能力，但目前基本被 MDEA 代替。

⑤ 醇胺法脱硫改进工艺　醇胺法脱硫脱碳是天然气处理工业中应用最为普遍的技术之一，它对于大规模酸气的脱除经济有效。然而，醇胺吸收工艺的溶剂再生过程是高耗能过程，因此对醇胺法脱硫工艺进行

改进——改进的半贫液分流工艺。该工艺对传统半贫液分流工艺做了重大的工艺改进，其能耗与净化度指标均得到很大改善。该工艺仍采用半贫液分流、二段吸收，来自吸收塔塔底的富液经闪蒸后进入主汽提塔再生。主汽提塔再生酸气经部分冷凝器冷凝，冷凝液返回主汽提塔上部进行部分汽提，然后进入副汽提塔进一步再生到 H_2S 浓度极低，最后返回到主汽提塔塔底再沸器。主汽提塔中间再沸器用于调整半贫液浓度，使其与再生塔塔底贫液浓度保持一致。因为仅仅一小部分溶剂（一般不到 20％）进行完全再生，所以能耗极低。该工艺的主要特征是采用汽提塔冷凝液富汽提，提高了半贫液的胺浓度，降低了半贫液的循环量，从而在获得高度净化效果的同时大大降低了能耗。

2.1.1.2 物理溶剂吸收法

物理溶剂吸收法利用不同气体组分在同一溶剂中溶解度不同（C_1、C_2 溶解度小于 CO_2 溶解度）的原理进行气体分离，溶剂的容量符合亨利定律，适用于高压、低温（吸收塔操作温度 $0\sim5℃$）、高 CO_2 分压、重烃含量少的天然气净化。物理吸收溶剂是非腐蚀和不含水的，设备材质要求较低，其吸收再生流程与 MDEA 工艺相似，不同点是采用空气汽提或多级闪蒸对富含 CO_2 的吸收剂进行再生。物理溶剂吸收法主要包括多乙二醇二甲醚法、碳酸丙烯酯法、低温甲醇洗法等。

（1）多乙二醇二甲醚法

多乙二醇二甲醚法的特点包括：

a. 传质速率慢　需要很大的气液传质界面，吸收过程属于物理吸收。

b. 具有选择脱硫能力，并具有优良的脱有机硫的能力　几乎所有的物理溶剂对 H_2S 的溶解能力均优于 CO_2，所以可以实现选择性脱除 H_2S。

c. 可实现同时脱硫脱水　物理溶剂对天然气中的水分有很高的亲和力。

d. 达到高的 H_2S 净化度较为困难。

e. 溶剂再生能耗低，流程简单，并且基本上不存在溶剂变质问题。

f. 烃类溶解量多，特别是重烃，需采取有效措施回收溶解的烃。

g. 酸气负荷与酸气分压大体成正比　当天然气中 H_2S 及 CO_2 的浓

度较低且操作压力较低时，其溶液的循环量大大高于胺法。

对于天然气脱硫脱碳，多乙二醇二甲醚法是物理溶剂法中最重要的一种方法。该法是美国 Allied 化学公司首先开发，商业名称为赛列克索（Selexol）。Selexol 法是采用聚乙二醇二甲醚作为溶剂，旨在脱除天然气中的 CO_2 和 H_2S，这种溶剂对 H_2S 的溶解度远远大于 CO_2，因而它适合用于脱除 H_2S，特别是选择脱除 H_2S 的工况。由于聚乙二醇二甲醚具有吸水性能，因而该法还能脱水。

Selexel 法特点：Selexol 法适用于贫气条件，在 H_2S 及 CO_2 同时存在下具有选择脱除 H_2S 的可能性；对有机硫也有较好、甚至更好的亲和力；Selexol 溶剂对水分有极好的亲和力，可同时脱硫脱水；较高碳数的烃类在 Selexol 溶剂中有较高的溶解度；建设投资和操作费用较低；在高酸气分压下，溶液的酸气负荷较高；无毒性，蒸气压低，溶剂损失小，腐蚀和发泡倾向小。

（2）碳酸丙烯酯法

美国 Fluor 公司首先研究开发了碳酸丙烯酯法，其商业名称为 Fluor Solvent。我国杭州化工研究所也合成了碳酸丙烯酯，并开发了以其作为溶剂的净化工艺。该法无腐蚀，适用于天然气内 CO_2 含量很高的场合，也在合成气领域用于脱除 CO_2，国内主要用于合成气领域脱除 CO_2。将碳酸丙烯酯与多乙二醇二甲醚相比，前者对 H_2S 及 CO_2 的溶解能力不如后者。此外，前者 H_2S 对 CO_2 相对溶解度的比值为 3.29，而后者则达到 8.8 以上。可见，多乙二醇二甲醚较碳酸丙烯酯更适合用于脱除 H_2S，特别是选择脱除 H_2S 的工况。

（3）低温甲醇洗法

低温甲醇洗法自 20 世纪 50 年代由德国林德公司和鲁奇公司开发使用以来，以其优越的性能，在化肥工业、石油工业、城市煤气工业等领域得到了广泛的应用，低温甲醇洗法因用途的不同而采用的再生解析过程流程有所不同。

（4）其他物理溶剂法

① N-甲基吡咯烷酮（NMP）法　Purisol 法采用的溶剂是 N-甲基吡咯烷酮（NMP），这种溶剂的沸点很高，对于 H_2S 的溶解度很大。

H_2S 在 NMP 中的溶解度是 CO_2 的 10.2 倍，仅就脱硫而言，NMP 具有优势。NMP 也是脱除有机硫化合物的优良溶剂，而对水的溶解度是 CO_2 的 4000 倍，因此它特别适用于在有 CO_2 存在的情况下选择性地吸收 H_2S。

② 多乙二醇甲基异丙基醚法　该法商业名称为 Sepasolv MPE，具有良好的选择脱硫能力，但硫醇的脱除率很低。

③ 磷酸三丁酯（TBP）法　Estasolvan 法使用的吸收介质是磷酸三丁酯（TBP），是德国 Friedrich Unde 公司提出的，可用于气体脱硫和回收烃。TBP 对 H_2S 比对 CO_2 更具选择性，可将含 H_2S 的气体处理至达到管输标准。TBP 是疏水性的，与水的互溶性不好。

2.1.1.3　化学-物理溶剂法

化学-物理溶剂法是将化学溶剂烷甲醇胺与一种物理溶剂组合的方法，典型代表为砜胺法（DIPA-环丁砜、MDEA-环丁砜等），此外还有Amisol、Selefining、Optisol 及 Flexsorb 混合 SE 等。

迄今为止国内外应用最广泛的化学-物理溶剂法是砜胺法，该法所用物理溶剂为环丁砜，化学溶剂为二异丙醇胺（DIPA）或甲基二乙醇胺（MDEA）。砜胺法在较高的酸气分压下有较高的酸气负荷而可降低循环量，并具有良好的脱有机硫的能力，较为节能。

（1）乙醇胺-环丁砜法（砜胺Ⅰ型）

与常规的 MEA 法相比，对 H_2S 及 CO_2 净化度好，溶液循环量少，能耗低，装置的处理能力可提高约 50% 以上。其缺点是溶液再生温度较高，MEA 易变质，装置易腐蚀。该法可用于天然气脱硫，合成气脱 CO_2。

（2）二异丙醇胺-环丁砜法（砜胺Ⅱ型）

该法装置处理量较 MEA 法提高约 50%，溶液的酸气负荷提高约 1/3，净化气总硫含量也显著降低，装置热负荷较 MEA 法显著下降，醇胺变质情况好转。该法可用于天然气脱硫，合成气脱 CO_2。

（3）甲基二乙醇胺-环丁砜法（砜胺Ⅲ型）

该法脱硫溶液由环丁砜与 MDEA 组成，与 MDEA 溶液相比，既有良好的脱除有机硫的能力，又可在CO_2含量很高的情况下从天然气中选择性脱除H_2S，且其溶液再生可借助简单的加热闪蒸来完成，故可进一步降低能耗。

2.1.2 膜分离脱碳工艺

膜分离技术始于19世纪末。从20世纪70年代开始，世界上许多国家对膜分离技术用于气体分离进行了大量的工业试验。采用半渗透性薄膜净化天然气是近30年发展起来的天然气净化新技术。不同气体在同一薄膜中的溶解性和流动性各不相同，混合气体中某些组分透过薄膜的速度远高于其他组分的透过速度，薄膜分离工艺就是基于这一原理进行气体分离的。

气体透过薄膜时，阻力较小的气体为"快"气体，阻力较大的气体为"慢"气体。与甲烷相比，CO_2为快气体，CO_2通过膜体的速度比甲烷快15～40倍，速度的比值取决于操作条件和膜的选择性。气体薄膜分离工艺适用于气体压力较高的工况，分离后的天然气仍可保持高压。

单级膜分离净化后天然气中CO_2含量可低于5%，由于电厂对净化气中CO_2含量要求较高，因此需要采用串联膜分离工艺，一级、二级膜低压透过气经过压缩后进尾气分离膜进一步分离，尾气分离膜分出的高压气返回一级膜入口，分出的低压气放空。二级膜分离后，天然气中CO_2含量可低于1.5%。

膜分离工艺的优点是操作简单、灵活性强（能适应各种操作条件的变化）、净化气水露点可满足外输要求；缺点是投资高、电耗高、烃收率较低、运行经验少、CO_2纯度低。

近年来国内对膜分离技术在油气处理中的应用也进行了一些探索性的研究，中石油海南福山油田于2006年10月底投产运行了国内第一套膜分离脱除二氧化碳装置，该装置由中科院大连化物所设计，所应用的膜从美国空气产品公司和日本UBE公司引进。该装置设计年处理天然气量$1360 \times 10^4 m^3$，原料气中CO_2含量超过80%。

文昌15-1油田也成功实施了膜法脱碳项目。文昌15-1油田伴生气中CO_2含量高达80%，大风天气时火炬常被吹灭。为此，平台使用瓶装的液化石油气作为火炬助燃的燃料，平均每天要消耗 30kg 液化石油气，补给频繁，运输和吊运风险高。为此，湛江分公司采用膜法对伴生气进行脱碳处理，以确保天然气安全放空，脱碳系统处理能力（基准状态，即 20℃、101325Pa）达 $1200m^3/d$，处理后的天然气 CO_2 含量低于 50%。其工艺流程如下：油田伴生气首先经过增压压缩机 C-2501 增压到 1.0MPa（G），然后经过套管换热器 E-2501 与进入膜分离器的原料气换热，将进膜气体的温度升高到 60℃，压缩气体然后进入到冷凝器 AC-2501 和气液分离器 V-2503。冷却和涤气后的气相进入聚结过滤器脱除气流中夹带的液滴和颗粒，聚结过滤器带有液位监控和自动排液阀。从聚结过滤器出来的气相与高温压缩气换热升温后，进入活性炭纤维过滤器除去 C_8 以上的重烃，再经过精密过滤除去气流夹带的固体颗粒，然后进入到膜分离器 M-2501，膜的渗透侧得到低压的富 CO_2 气流排放至闭式排放罐，膜的截留侧得到 CO_2 浓度小于 50% 的贫 CO_2 气流进入火炬放空系统。

乐东 15-1 气田实施了用膜法脱燃料气中 CO_2。乐东 15-1 气田燃料气来源有两路，一路是来自三甘醇接触塔出口的外输干气，另一路是来自 A2、A3 井的湿气。在设计中，A2、A3 井这两口井是用于启动透平压缩机使用的，主气源是三甘醇接触塔出来的干气。但随着气田的开采，外输干气 CH_4 组分已降低至 43.3%，达不到乐东 15-1 透平压缩机燃烧需要的最低热值要求。A2 井的 CH_4 含量也由投产之初的 76.4% 降低到 50.85%，CO_2 含量则上升到 36.49%；A3 井的 CH_4 含量由投产之初的 66.7% 降低到 30.7%，CO_2 含量则上升到 61.32%；A1 井的 CH_4 含量由投产之初的 78.8% 降低到 61.5%，CO_2 含量则上升到 22.28%。2012 年 4 月大修时将燃料气从 A3 井改为 A1 井，甲烷值继续下降将会导致天然气压缩机无法正常运行，最终的结果可能是停产，因此需要一套高效的脱碳系统脱除外输干气中的 CO_2 来保证压缩机燃料气的 CH_4 含量。乐东平台的 Solar 透平压缩机为一用一备，型号为 C40，单台机组运行燃料气最大消耗量（标准状态）$1608m^3/h$，考虑到两台机组切换时同时用气，故燃料气脱碳装置按照 $3200m^3/h$ 的产气量（标准状态）进行设计。乐东 15-1 气田透平压缩机示意图如图 2-1 所示。

图 2-1　乐东 15-1 气田透平压缩机示意图

膜法脱 CO_2 单元主要由预处理及膜处理撬块 2 大撬块，8 套膜滤器，2 套电加热器，2 套颗粒过滤器，1 套洗涤器罐，2 套活性炭过滤器，聚结过滤器，加热器，活性炭吸附床和膜分离器等部件组成。

原料气首先进入聚结过滤器 F-101 脱除气流中夹带的液滴和颗粒，F-101 带有液位监控和自动排液阀。从 F-101 出来的气相经过加热器，将气体的温度升高到 60℃，然后进入到活性炭吸附床除去 C_7 以上的重烃，再经过颗粒过滤器 F-102 除去气流夹带的固体颗粒，然后进入到膜分离器 M-101，膜的渗透侧得到低压的富 CO_2 气流，直接排空，膜的截留侧得到 CO_2 浓度小于 10％的贫 CO_2 气流，作为燃气轮机的燃料气使用。

考虑到原天然气中 CO_2 的含量还有可能慢慢上升，所以膜系统按照 CO_2 的含量为 50％进行设计。但初期安装的膜组件数量按照 CO_2 的含量为 42％来设计，并在膜组件的框架上预留出膜组件的位置，当 CO_2 的含量增加时，只需增加膜组件即可，这样可以降低初期的投资。

膜法脱 CO_2 单元示意图如图 2-2 所示，预处理及膜处理撬块示意图如图 2-3 所示。

针对定尾气侧组分、定尾气侧流量、定膜前后压差三种情况，气田测试了不同膜组合处理情况，以便了解不同工况下膜脱碳系统的运行情况。

在不同的压力下，压力越高，膜对 CO_2 的处理效果越好。在 7.0MPa 下，单膜脱 CO_2 的含量在 10％～16％，每支膜的脱碳性能基本均衡。

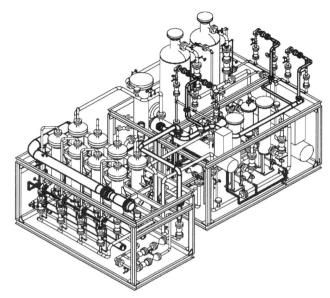

图 2-2　膜法脱 CO_2 单元示意图

图 2-3　预处理及膜处理撬块示意图

投用一级膜 2 支、二级膜 2 支时脱碳后的燃料气为（标准状态）
3200m^3/h，CO_2 含量 10％，达到系统性能考核指标。膜组件增加时，
处理量也加大，CH_4 含量随之升高。CO_2 含量在 10％时，4 支一级膜和
1 支二级膜的组合效果更佳。

当两台压缩机同时启动时，投用 2 支一级膜组件，更有利于膜组件
的稳定和长期使用。在设计定量的情况下，一级膜投用可将原料气中
45％的 CO_2 处理后减少到 10％。投用二级膜可提高 CO_2 的处理量，但
成倍增加 CH_4 的损耗。膜脱碳系统脱碳后组分随负荷变化波动范围较

大；二级膜投用后 CH_4 损失大，脱碳效果甚微；膜不能承受反向冲击力。测试不同膜组合处理情况脱碳系统调试数据示意图如图 2-4 所示，单膜不同压力下脱碳处理示意图如图 2-5 所示，不同膜在相同压力下脱碳处理示意图如图 2-6 所示，达到系统考核时膜组件示意图如图 2-7 所示，膜组件数量与脱碳处理示意图如图 2-8 所示，脱碳装置投用后示意图如图 2-9 所示。

脱碳系统调试数据表　测试日期:2014/12/28-2015/1/5

投用膜数量/编号	进气压力MPa	一级膜进口压力MPa	二级膜出口压力MPa	原料气流量Nm³/h	CH4%	CO2%	N2%	尾气流量Nm³/h	CH4%	CO2%	N2%	渗透气量	实测CH4%	计算CH4%	实测CO2%	计算CO2%	实测N2%	计算N2%	备注
1/3101A	5.72	5.71	5.65	600	44.4	45.2	8.67	395	63.7	20.6	13.07	205		7%		93%		0%	
1/3101B	6.26	6.26	6.21	678	42.4	47.3	8.51	405	67.1	16	13.85	273	0%	6%	94%	94%	4%	0%	单膜测试
1/3101C	6.13	6.13	6.08	556	43.9	46.8	8.97	343	68.6	14	18.20	213		4%		96%		1%	
1/3102C	7.00	7.00	6.95	595	43.5	45.4	8.99	360	69.6	13	14.23	235		5%		95%		0%	
1/3102C	7.02	7.03	6.88	650	43.6	45.7	8.92	410	66.5	16.4	14.02	240		5%		95%		0%	
1/3102B	7.01	7.01	6.79	583	43.8	45.5	8.95	350	70.4	10.3	14.09	233		4%		96%		0%	
1/3102D	7.03	7.02	6.84	635	43.5	45.8	8.92	390	68.2	14.5	14.28	245		4%		96%		0%	
1/3102D	7.01	7.01	6.89	756	43.8	45.8	8.95	445	70.3	10.5	15.03	311		6%		96%		0%	
2/3101CD	7.03	7.03	6.95	1352	43.8	45.5	8.97	695	71.4	9.99	14.91	657	16%	15%	77%	83%	4%	3%	定尾气侧CO2组分~10%
2/3101B/3102D	7.03	7.03	6.80	1850	43.4	45.6	9.42	942	71.5	9.91	15.23	908		14%		82%		3%	
3/3101CD/3102D	6.96	6.69	6.68	4000	43.8	45.8	8.96	2020	71.9	9.84	15.47	1980		16%		82%		2%	
4/3101CD/3102D	6.93	6.88	6.86	6380	43.7	45.6	8.93	3240	71.1	10.1	15.55	3140	19%	15%	77%	82%	4%	2%	定尾气侧流量3200Nm³/h
3/3101ABCD	6.93	6.91	6.78	5732	43.9	45.3	8.99	3169	69.2	12.6	15.08	2563		13%		86%		1%	
4/3101ABCD/3102D	6.94	6.93	6.81	5732	43.9	45.3	8.99	3169	69.2	12.6	15.08	2563		13%		86%		1%	
5/3101ABCD/3102D	6.94	6.91	6.79	6075	43.9	45.5	8.96	3200	71.9	9.56	15.62	2875		13%		85%		2%	
6/3101ABCD/3102CD	6.93	6.90	6.76	7242	43.8	45.5	8.97	3195	73.1	7.49	15.99	4047		21%		75%		3%	
7/3101ABCD/3102BCD	6.83	6.81	6.72	8759	43.7	45.6	8.95	3200	74.2	5.43	16.57	5483	21%	15%	69%	76%	3%	3%	
1支一级膜	7.06	7.06	6.91	1325	43.7	45.6	8.95	825	64.8	18	14.36	500		9%		91%		0%	
2支一级膜	7.02	7.02	6.92	3175	43.7	45.6	8.95	1948	70.3	20.3	13.76	1226		13%		86%		1%	定膜前后压差≤0.1MPa
2支一级膜/2支二级膜	7.00	7.01	6.91	3079	43.7	45.6	8.95	1197	75	4.81	16.48	1882		32%		72%		5%	
2支一级膜/3支二级膜	6.95	6.93	6.83	5620	43.7	45.6	8.95	1828	75.4	4.09	16.65	3792		29%		68%		5%	
3支一级膜/2支二级膜	6.98	6.96	6.81	4468	43.7	45.6	8.95	1781	75.4	4.16	16.17	2687		22%		76%		4%	
3支一级膜/3支二级膜	6.90	6.85	6.70	8293	43.7	45.6	8.95	3242	73.6	6.54	16.26	5051		24%		71%		4%	
单膜三套运行一台压缩机	7.07	7.07	7.03	633	43.7	46.8	9.0	388	63.7	18.3	13.8	245		5%		96%		1%	建议操作条件
单膜五套常规时两台压缩机	6.74	6.73	6.51	1800				1625	备注:此数据引用整台装置最大流量。预测时间视现场监测监控氯氮氧制分分析数据										
2/3101CD	7.03	7.03	6.95	1352	43.8	45.5	9.0	695	71.4	9.99	14.91	657	16%	15%	77%	83%	4%	3%	

注:
1. 一级膜编号3101A/B/C/D, 二级膜编号3102A/B/C/D. 其中3102A为空膜。
2. 处理气量3200Nm³/h, 投入5支膜效果最好, 组合方式为4支一级膜, 1支二级膜。
3. 正常生产场景, 启动一台机, 投入1支一级膜, CH4损失小。
4. 单膜现场测试, 启动两台压缩机时, 单膜品质符合要求, 但是运行时, 流量及压差最大, 建议此时投用2支一级膜。
5. 7支膜处理最大尾气量为3200Nm³/h时, CH4浓度为T45。

图 2-4　测试不同膜组合处理情况脱碳系统调试数据示意图

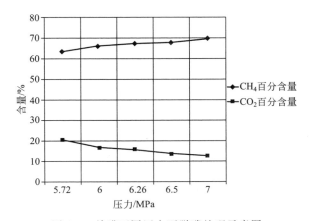

图 2-5　单膜不同压力下脱碳处理示意图

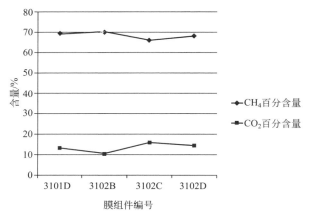

图 2-6　不同膜在相同压力下脱碳处理示意图

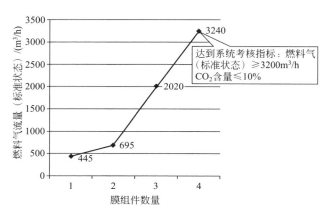

图 2-7　达到系统考核时膜组件示意图

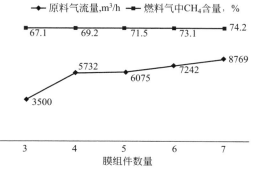

图 2-8　膜组件数量与脱碳处理示意图

图 2-9　脱碳装置投用后示意图

海上平台天然气膜法脱碳节能技术运用如表 2-1 所示。

表 2-1　海上平台天然气膜法脱碳节能技术运用

适用范围	本节能技术适用于海上平台高二氧化碳浓度的天然气脱碳处理
技术基本原理	膜法脱碳技术原理是不同气体在同一薄膜中的溶解性和流动性各不相同,混合气体中某些组分透过薄膜的速度远高于其他组分的透过速度。与 CH_4 相比,CO_2 通过膜的速度为 CH_4 的 $15\sim40$ 倍,速度的比值取决于操作条件和膜的选择性。H_2O 和 CO_2 是高透过性物质,容易从大量的烃分子中分离出来。该脱碳方法灵活性强,采用模块化设计,安装维护方便,适合于高浓度 CO_2 的处理,净化气水露点可以满足外输要求
主要技术指标	原料气:温度 50℃,压力 0.05MPa,CO_2 含量 50%~80%。 渗透气:温度 60℃,压力 0.1MPa,CO_2 含量 95%。 非渗透气:CO_2 含量 30%~50%
技术关键点/难点	针对不同的脱碳要求,使用不同的膜; 脱碳系统的设计要考虑现场条件背景,要全流程考虑; 要考虑安全背景,运行的安全性要有保障,点火及助燃的安全性要有保障; 压缩机控制与中控 DCS 组态; 脱碳系统本身有自动联锁控制
技术鉴定/获奖情况	该技术的项目案例通过中海石油(中国)有限公司湛江分公司节能办公室的竣工验收
技术应用现状	膜分离技术始于 19 世纪末。从 20 世纪 70 年代开始,世界上许多国家对膜分离技术用于气体分离进行了大量的工业试验。近年来国内对膜分离技术在油气处理中的应用也进行了一些探索性的研究,中石油海南福山油田于 2006 年 10 月底投产运行了国内第一套膜分离脱除二氧化碳装置,该装置由中科院大连化物所设计,所应用的膜从美国空气产品公司和日本 UBE 公司引进。该装置设计年处理天然气量 $1360\times10^4 m^3$,原料气中 CO_2 含量超过 80%。 文昌 15-1 油田膜法脱碳装置于 2012 年 12 月投用,投用后运行稳定,达到了设计要求
典型用户	中石油海南福山油田、中海油文昌 15-1 油田

适用范围	本节能技术适用于海上平台高二氧化碳浓度的天然气脱碳处理
推广前景	实践证明,膜法脱碳技术具有灵活性强、模块化设计、安装维护方便、适合于高浓度 CO_2 的处理等优点,而且在海上平台已有成功运用,推广前景良好。湛江分公司乐东 15-1 气田目前也正在实施膜法脱碳项目
推广措施及建议	形成该节能技术的企业标准; 在新油气田开发项目中考虑该节能技术的运用

技术应用典型案例一

项目概述	文昌 15-1 油田天然气脱碳项目:文昌 15-1 油田伴生气中 CO_2 含量高达 80%,大风天气时火炬常被吹灭。为此,平台使用瓶装的液化石油气作为火炬助燃的燃料,平均每天要消耗 30kg 液化石油气,补给频繁,运输和吊运风险高。为此,分公司采用膜法对伴生气进行脱碳处理,以确保天然气安全放空,脱碳系统处理能力(基准状态)达 $1200m^3/d$,处理后的天然气中 CO_2 含量低于 50%。其工艺流程如下:油田伴生气首先经过增压压缩机 C-2501 增压到 1.0MPa(G),然后经过套管换热器 E-2501 与进入膜分离器的原料气换热,将进膜气体的温度升高到 60℃,压缩气体然后进入到冷凝器 AC-2501 和气液分离器 V-2503。冷却和涤气后的气相进入聚结过滤器脱除气流中夹带的液滴和颗粒,聚结过滤器带有液位监控和自动排液阀。从聚结过滤器出来的气相与高温压缩气换热升温后,进入活性炭纤维过滤器除去 C_8 以上的重烃,再经过精密过滤除去气流夹带的固体颗粒,然后进入到膜分离器 M-2501,膜的渗透侧得到低压的富 CO_2 气流放排至闭式排放罐,膜的截留侧得到 CO_2 浓度小于 50%的贫 CO_2 气流进入火炬放空系统
主要设备	伴生气增压压缩机、套管换热器、膜分离器、冷凝器、聚结分离器、活性炭过滤器
建设期	一年
投资额	130 万元
节能(水)效果	项目节能量测算的依据和基础数据:项目实施前,油田使用液化石油气点火和助燃,日消耗 30kg 液化石油气;每天放空燃气 $4×10^4 m^3$(CO_2 含量 80%);液化石油气市价 8000 元/t,湛江基地到文昌 15-1 油田的运输成本 80000 万元/次(分摊后);液化石油气补给次数为 4 次/月。 项目节能量测算公式和计算过程: 年节约液化石油气:$0.03×365=10.95(t)$ 年减排燃气(CH_4 为主):$4×(1-80\%)×365=292(万米^3)$ 年节能量:$10.95×1.714+292×11=3230.8(tce)$
经济效益	该项目每年可节约 392.76 万元的液化石油气消耗和液化石油气船舶运输成本
投资回收期	半年

2.1.3 超重力脱碳工艺

超重力技术是一种突破性的过程强化新技术,目前已在化工、环保、超细粉体制备以及气液固三相分离等工业过程中应用。它的主要特点在于气液两相在反应器内逆向接触,并在强大的离心力作用下,相间与相内强烈混合与分散，过程得到极大强化，因而在工业上有着广阔的发展前景。利用旋转填料床中产生的强大离心力，使气、液的流速及接触比表面积大大提高而不液泛。

超重力技术液体在高分散、高湍动、强混合以及界面急速更新的情况下与气体以极大的相对速度在弯曲孔道中逆向接触，极大地强化了传质过程。传质单元高度降低了1~3个数量级，使巨大的塔器（二三十米以上的高度）降为高度只有2~3m的超重力机。

超重力脱碳工艺已运用在某油田伴生气天然气脱硫项目和蓬莱19-3天然气超重力脱硫项目中，解决了天然气净化成撬技术和超重力机高压密封运行问题。

（1）天然气净化成撬技术

天然气处理量（基准状态）：$3.5 \times 10^4 \, m^3/d$。

处理前硫化氢：$>35000 \, mL/m^3$。

处理后硫含量：$\leqslant 14 \, mL/m^3$。

撬装设备尺寸：$10000 \, mm \times 6500 \, mm \times 6000 \, mm$。

（2）超重力机高压密封运行问题

天然气处理量（标准状态）：$120 \times 10^4 \, m^3/d$。

操作压力：5.2MPa（G）。

采用磁力驱动技术已经解决了高压运行中的密封问题和运行稳定问题。

超重力脱碳工艺示意图如图 2-10 所示。

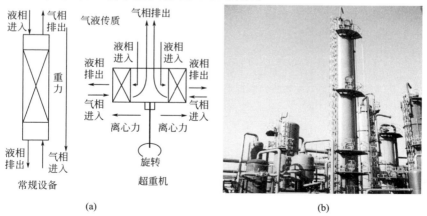

图 2-10　超重力脱碳工艺示意图

2.1.4　变压吸附工艺

变压吸附是近 40 年发展起来的一项气体分离与净化新技术，主要用于中小规模气体分离。不同气体在同一固体吸附剂中的吸附特性（如吸附容量、扩散速度等）各不相同，对硅胶型吸附剂 CO_2 和 C_{2+} 吸附性较强，N_2 和 CH_4 吸附性较弱，变压吸附（PSA）气体分离工艺就是基于这一基本原理来选择性吸附脱除 CO_2。东方终端一期脱碳如果采用此工艺，需要 12 塔吸附流程。原料气进入 12 塔组成的 PSA 脱碳工序（同时有 4 台吸附器处于吸附步骤，其他吸附器处于降压、逆放、抽真空、升压等再生过程），天然气脱去 CO_2 组分后净化气直接外输。吸附器中的杂质组分（CO_2 等）通过降压、抽真空等得到再生。

变压吸附工艺的优点是操作简单、压力损失小、净化气水露点完全满足外输要求；缺点是单塔处理能力小、选择性差、烃收率低、CO_2 纯度低（不能进行利用）。

2.1.5　脱碳工艺对比

化学吸收法、物理吸收法、吸附法、膜分离法工艺对比如表 2-2 所示。

表 2-2　脱碳工艺对比

脱碳工艺	化学吸收法	物理吸收法	吸附法	膜分离法
适用情况	适用范围广	适用于高压天然气净化	适用于小气量天然气脱碳	适用范围广
技术优势	脱除效率高,选择性强,酸气负荷高,可进行脱硫、脱碳	闪蒸再生能耗低,吸收液不易变质,可进行脱硫、脱碳、脱水	能耗低,占地面积小,可进行脱硫、脱碳、脱水	设备简单,占地面积小,能耗低,操作简单,可进行脱硫、脱碳、脱水
海上的劣势	吸收塔、再生塔较高,占地面积大,需要蒸汽再生,能耗高	吸收塔较高,有一定的烃损失	处理量不大	膜成本较高,应用较少,技术不成熟,一级膜烃损失超 10%,净化后较难达到 2% CO_2 的要求

2.2 活化 MDEA 脱碳技术

2.2.1 简述

活化 MDEA 法又名 aMDEA 法，最初是用于氨合成装置合成气的脱碳，后来随着技术的不断改进，逐渐拓宽到天然气净化领域，成为应用范围很广的天然气净化技术。

aMDEA 溶剂系统是向 MDEA 中加入一种或多种活化剂组成 MDEA 基混合溶剂，活化剂可以是哌嗪、DEA、咪唑或甲基咪唑等，其目的是提高 CO_2 的吸收速率。活化 MDEA 溶剂的物理/化学性质可根据活化剂的组成进行调节，并具有酸气溶解度高、烃类溶解度低、低蒸气压、化学/热稳定性好、无毒、无腐蚀等特性，因而使该工艺具有能耗低、投资费用低、溶剂损失低、气体净化度高、酸气纯度高、溶液稳定、对环境无污染和对碳钢设备腐蚀很小等优点。

2.2.2 活化 MDEA 脱碳机理

MDEA 脱碳是从高 CO_2 含量的天然气中脱除酸性气体的工艺。MDEA 的基本组成为 N-甲基二乙醇胺（MDEA）、水、活化剂，将该混合物称为 MDEA 活化的 MDEA 溶液。

MDEA 溶液的组成如下：

MDEA	50%（质量分数）
活化剂	4%
水	46%

MDEA 溶液吸收 CO_2 是一个物理化学过程。

普通的 MDEA 与水及 CO_2 反应生成相应的质子化合物（protonatedspeies）和碳酸氢盐，总的反应速率非常慢，这种吸收反应速率能通过活化剂（另一种胺）与 CO_2 反应，同时生成氨基甲酸酯（carbamate）而大大得到提高，然后其与 MDEA 水溶液反应转移其吸

收的 CO_2 并得到再生，进一步参加反应，活化剂作用极类似于催化剂。

2.2.3 活化 MDEA 组成及性质

MDEA 的物理性质为：

名称：N-甲基二乙醇胺。

分子式：$H_3C—N(CH_2CH_2OH)_2$。

分子量：119.2。

沸点：245℃。

密度：1039kg/m³（20℃）。

凝固点：-21℃。

闪点：126.7℃（克利沸兰利开杯试验）。

黏度：0.101Pa·s（20℃）。

蒸气压：<1Pa（20℃）。

在水中的溶解度：无限互溶。

MDEA 溶液兼有物理溶剂和化学溶剂的性能，由于 MDEA 溶液对 CO_2 的吸收能力强，可在较低的吸收塔高度或较小的溶液循环量下，达到所需要的气体净化度。其物理吸收性能在 CO_2 分压大于 1bar（1bar＝10^5Pa）情况下表现明显，其溶液再生能耗较低。若欲获得高的净化度，可通过调节溶液中活化剂浓度实现，这种调节可以控制其倾向于物理吸收或化学吸收。MDEA 能与水和醇混溶，微溶于醚。在一定条件下，对 CO_2 等酸性气体有很强的吸收能力，而且反应热小，解吸温度低，化学性质稳定，无毒，不降解。

纯 MDEA 溶液与 CO_2 不发生反应，但其水溶液与 CO_2 可按下式反应：

$$CO_2 + H_2O \Longrightarrow H^+ + HCO_3^- \qquad (2\text{-}1)$$

$$H^+ + R_2NCH_3 \Longrightarrow R_2NCH_3H^+ \qquad (2\text{-}2)$$

式（2-1）受液膜控制，反应速率极慢，式（2-2）则为瞬间可逆反应，因此式（2-1）为 MDEA 吸收 CO_2 的控制步骤。为加快吸收速率，在 MDEA 溶液中加入 1%～5% 的活化剂 DEA（R'_2NH）后，反应按下式进行：

$$R'_2NH + CO_2 \rightleftharpoons R'_2NCOOH \qquad (2\text{-}3)$$

$$R'_2NCOOH + R_2NCH_3 + H_2O \rightleftharpoons R'_2NH + R_2CH_3NH^+HCO_3^- \qquad (2\text{-}4)$$

式（2-3）＋式（2-4）：

$$R_2NCH_3 + CO_2 + H_2O \rightleftharpoons R_2CH_3NH + HCO_3^- \qquad (2\text{-}5)$$

由式（2-3）～式（2-5）可知，活化剂吸收了 CO_2，向液相传递 CO_2，大大加快了反应速率，而 MDEA 又被再生。MDEA 分子含有一个叔胺基团，吸收 CO_2 生成碳酸氢盐，加热再生时远比伯胺生成的氨基甲酸盐所需的热量低得多。

2.2.4　活化 MDEA 脱碳工艺

以活化的 40%～50%（质量分数）MDEA 溶液脱除大量 CO_2，闪蒸汽提再生，能耗低，典型能耗为 15～$20MJ/kmol$ 酸气。BASF 公司开发出系列溶剂 aMDEA-1～aMDEA-6，这些溶剂通过加入不同的活化剂和添加剂（包括抗氧剂、缓蚀剂等）改变原 MDEA 性能。aMDEA-1、aMDEA-2 是无选择性全部脱除 CO_2 和 H_2S。aMDEA-3、aMDEA-4 对 H_2S 有选择性，并能富集贫气中的 H_2S，以满足克劳斯装置的要求。aMDEA-5、aMDEA-6 对 H_2S 和有机硫具有高选择性。

2.2.5　活化 MDEA 脱碳技术优点

（1）工艺能耗低、气体净化度高

① 兼有物理吸收与化学吸收的特点，即溶剂对 CO_2 的负载量大，净化度高，从而减少再生蒸汽使用量。

② CO_2 在 MEDA 中的溶解热较低，因此吸收与再生之间温差较小，且再生温度较低，可以达到降低脱碳过程水、电、汽消耗的目的。

（2）溶液损失小、年更换率低

① MDEA 稳定性好，在使用过程中很少发生降解，且对碳钢设备几乎无腐蚀。

② MDEA 的蒸气压较低，在吸收过程中溶剂损失小。

2.2.6　活化 MDEA 脱碳工艺实例

活化 MDEA（N-甲基二乙醇胺）脱碳工艺因其具有溶液稳定性好、低能耗、无毒、易于操作等优点，而被广泛应用于合成氨装置脱碳工艺中。中海油某化肥厂由于原料气含有较多 CO_2，因此在天然气进入合成氨装置之前需预先脱除天然气中的部分 CO_2，以提高天然气的有效成分含量和热值，所采用的脱碳方法为活化 MDEA 法。

2.2.6.1　MDEA 天然气脱碳装置工艺流程

中海油某化肥厂合成氨装置采用的是一段吸收、一段再生的流程，具有流程简单、运行稳定可靠的特点。MDEA 天然气脱碳装置由吸收塔、再生塔、闪蒸塔、循环泵组、旁滤系统、胺液回收储存系统组成。

为满足胺液脱酸性气的要求，减小吸收塔发泡的可能性，原料天然气首先进入原料气过滤器，以除去其中的微小液滴和颗粒杂质，原料气过滤器收集到的液体送出界区集中处理，天然气则进入到原料气换热器换热后进入吸收塔。气体从吸收塔下部进入，自下而上通过吸收塔。再生后的胺液（贫液）从吸收塔上部进入，自上而下通过吸收塔，逆向与天然气充分接触，天然气中的 CO_2 和 H_2S 被吸收而进入液相，天然气中 CO_2 浓度降至 5% 以下，未被吸收的其他组分则从吸收塔顶部引出，在原料气换热器中与原料气进行换热，降温至 $35\sim45℃$，再经产品气分离器分离后送出界区。离开吸收塔塔底的富液温度为 $65\sim73℃$，经液位控制阀降压后进入闪蒸罐闪蒸出大部分烃类和少量的 CO_2 气体。闪蒸气进入冷却器降温，然后经分离器及调压阀调压后送往辅锅用作燃料。闪蒸后的胺液进入再生塔上部，经汽提后释放出 CO_2 气体，胺液在再生塔中部升气管处被全部引出，通过再沸器加热后返回再生塔下部继续闪蒸，富含 CO_2 的解吸气则于高点排放或用于尿素装置补碳。从再生塔底部出来的胺液（贫液）经贫液冷却器冷却后由贫液泵送至吸收塔顶部，完成 MDEA 溶液的循环。

2.2.6.2　aMDEA 溶液管理

（1）原料中微量化合物的影响

NH_3 被 aMDEA 溶液吸收，最终在 CO_2 产品中以 NH_3COOH 的形式在汽提塔顶聚集，可能需要排放气体。HCN 被 aMDEA 溶液吸收（>99%），部分水解成 NH_3 和 HCOOH。

（2）溶液的投加

出售的 aMDEA 产品是浓缩的预混合好的溶液，胺含量约 100%。溶液需用去离子水将浓度稀释到 40%。

（3）溶液浓度

aMDEA 由 MDEA（N-甲基二乙醇胺）、水和活化剂组成，其中总胺的含量为 MDEA（N-甲基二乙醇胺）和活化剂的总和。设计总胺含量为 40%（质量分数），推荐范围为 37%～45%（质量分数），允许范围为 35%～55%（质量分数）。

活化剂浓度取决于设计参数，当 CO_2 脱除率降低后需要补充。活化剂含量主要是影响 CO_2 吸收率而不是吸收量，低浓度活化剂可以用较高的流速来平衡溶液吸收率。

（4）预混合中 aMDEA 的稀释及补充物水质

必须使用脱气、去离子水或蒸馏水，氧气几乎不影响 aMDEA 溶液，但是氧气的存在可能增加腐蚀程度。

（5）氯化物标准

① 推荐的补充水中氯化物最大含量为 $1×10^{-6}$～$2×10^{-6}$（质量分数）。

② 氯化物可以导致不锈钢点蚀和应力腐蚀破裂。

③ 氯化物可扰乱碳钢设备保护层的组成。

④ 推荐保持氯化物水平在 $100×10^{-6}$（质量分数）。

⑤ 当氯化物水平高于 $500×10^{-6}$（质量分数）时需要处理。

（6）溶液发泡

消泡剂需要规范使用。经验表明，由于零降解和零腐蚀，aMDEA 起泡沫趋势较弱。消泡剂的用量没有明确的标准，但用量在操作中可优化，必须避免长时间连续高剂量使用消泡剂，否则会迅速堵塞旁流过滤器。消泡剂一天投加一次或一班投加一次，高频率比大剂量好。

（7）溶液污染的预防与治理

为保持 MDEA 溶液的清洁，该案例的化肥厂采用旁滤系统有效除去机械杂质、FeS、降解产物，即从贫液泵入口分 30m³/h 的 MDEA 溶液，通过旁滤系统（包含机械过滤器、活性炭过滤器）过滤后重新返回贫液泵入口。在第一段，机械过滤器除去 MDEA 溶液中的较大固体颗粒；在第二段，采用活性炭过滤器除去小的固体颗粒，同时解吸溶液中的降解产物；在第三段，机械过滤器滤去流失的活性炭粉末及其他微小颗粒。采取上述措施后，MDEA 溶液中的机械杂质、FeS、降解产物明显减少，MDEA 溶液系统运行渐趋平稳。

加强原料气过滤器排油情况的监督，据出油量及系统闪蒸气量的变化调整活性炭过滤器的投用时间，减少因凝析油排放不及时对 MDEA 溶液系统造成污染。为了避免大气中的氧对地下槽内的 MDEA 溶液造成污染，地下槽采用氮气保护。腐蚀严重的导淋地下管线尽量不再使用，在泵体及有关管线退液时，接临时软管将 MDEA 溶液排至地下槽再打回系统。

2.2.6.3 开车前的清洗工作

MDEA 脱碳装置开车前必须进行清洗，包括预清洗、循环冲洗准备、碳酸钾溶液冲洗、蒸馏水或去离子水第一次冲洗和蒸馏水或去离子水第二次冲洗等几个步骤工作。

（1）预清洗

预清洗的步骤包括：①打开分布器、罐的人孔和底部排污沟；②移除液体管线上的孔板仪表，另外关闭连接压力波动管线上的阀门；③在清洗的整个过程中要切断或旁通板式换热器，否则会被堵塞；④用消防水冲洗设备；⑤清洗管线。

（2）循环冲洗准备

循环清洗的步骤包括：①在泵的吸入端安装滤网；②确认泵没有被机械杂质堵塞；③检查远程控制调节器和控制阀的工作状态；④检查所有设备安全紧急关断系统工作状态（强化关断情况）；④氮气试压，用合适指示物检查已打开分布器和罐上的法兰和密封圈的气体泄漏情况，例如肥皂水。

（3）3% 碳酸钾溶液冲洗

3%碳酸钾溶液冲洗的注意事项包括：①用蒸馏水或去离子水和K_2CO_3配制溶液，溶液的 pH 值在 12 左右，确保氯化物的含量较低；②除了用碳酸钾外，还可以用磷酸钠、碳酸钠和氢氧化钠；③如果设备非常脏，可以使用浓度高于 3% 的溶液；④在合适的位置注入溶液，例如在低压闪蒸塔底部；⑤用氮气使吸收器的压力增加到约 $3\sim5\mathrm{bar}$（G，$1\mathrm{bar}=10^5\mathrm{Pa}$，下同），可以使用 CO_2 排放线压力控制器使再生器压力保持在 $0.1\sim0.5\mathrm{bar}$（G）；⑥循环温度保持在 $50\sim70℃$，溶液以最大流速在系统中循环约 8h；⑦如果冲洗后碱液很脏，碱性冲洗过程必须重复，直到干净为止；⑧移去并清洗泵吸入侧的滤网；⑨在泵吸入侧重新安装滤网。

（4）蒸馏水或去离子水第一次冲洗

蒸馏水或去离子水第一次冲洗的注意事项包括：①在吸收塔底部（高压闪蒸罐）小心安装干净的密封圈。②重新安装孔板流量计。③板式换热器可以投入使用，但是应该用滤网保护，防止堵塞。水最初应加热到 70℃，在系统中以最大流速循环 5h。流速可以通过重新安装的孔板流量计来测量。④按设计流速进行清洗。泵和备用泵应该挨个开启和清洗。⑤从冲洗水中取样，并加入同样量的 MDEA 或 aMDEA 使指定胺含量大约相同，检查稀释溶液起泡沫活性。⑥对比 aMDEA 和蒸馏水混合物起泡沫实验结果。这些定性的实验提供了样品系统实验起泡沫的基准。⑦检测溶液的 pH 值，使 pH≤9.0，如果 pH 值较高，说明碳酸钾含量过高，排尽水并检查吸入端滤网情况。⑧如果冲洗水干净，起泡沫的趋势较弱（泡沫体积≤300mL 和破裂时间≤20s），蒸馏水或去离子水第二次冲洗可以忽略。

（5）蒸馏水或去离子水第二次冲洗

蒸馏水或去离子水第二次冲洗的注意事项包括：①冲洗的过程按照碳酸钾溶液冲洗执行。②循环水在系统中全速运行 6h，同时升温到操作温度。③从冲洗水中取样，并加入同样量的 MDEA 或 aMDEA，使指定的胺含量大约相同。检查稀释溶液起泡沫活性，如果起泡沫活性超出指导性数据，重复用 3% 的碳酸钾溶液清洗。④检测溶液的 pH 值，使 pH≤9.0，如果 pH 值较高，说明碳酸钾含量过高。⑤如果冲洗水干净，起泡沫的趋势较弱（泡沫体积≤300mL 和破裂时间≤20s），pH 值不是很高，aMDEA 可以投加使用了。⑥在最后水冲洗后，冲洗水中的颗粒应该很小。根据经验，固含量可以根据以下标准判断：

a. <10mg/kg（质量分数）固形物：优良。

b. <50mg/kg（质量分数）固形物：好。

c. <100mg/kg（质量分数）固形物：可接受。

较高的固含量可以导致极强的起泡沫趋势，如果这样，需要进一步的冲洗工序。

2.2.6.4　开车步骤

（1）开车前措施及注意事项

根据清洁工序清洁工厂；切断吸收塔和高压分离器的压力管线，例如使用盲板；检查泄漏情况；加入 aMDEA 预混合物和水；在合成气应用中，常用的是胺浓度为 40% 的溶液。准备消泡剂的起始进料，在循环溶液被加热，大约在气体注入系统中前 1h 或 2h，用自动加药设备投加，保持消泡剂的浓度在 50mg/kg（质量分数）。

（2）配制 aMDEA 溶液

配制 aMDEA 溶液的注意事项包括：①稀释 aMDEA 与混合液可以在混合罐或配制罐中进行。②如果没有混合罐，可在工厂装置中进行，需要使用溶液循环泵。③在溶液泵运转时，推荐注入所需的脱矿质的水至系统（例如 80%）和 aMDEA 预混合液。④避免注入太多的水，通常不精确知道溶液的量时，开始注入太多的水会导致溶液过稀。⑤当注入溶液时，观察塔内的液面。最后剩余的水，如果需要可以加注，确保溶液达到目标浓度。⑥稀释预混合液的水温必须达到 20℃ 以上。⑦更高的温度是优先的和推荐的，例如 50℃，因为在较高温度下，溶液黏度较小，也更容易混合均匀。⑧在温度低于 15℃ 时，活化剂可能产生沉淀。⑨低温下，aMDEA 预混合物的黏度非常高。⑩确保容器彻底清空，即不留下任何可能产生沉淀的活化剂。⑪产生沉淀的温度取决于溶液中活化剂浓度和水含量。

凝点和胺浓度曲线如图 2-11 所示。

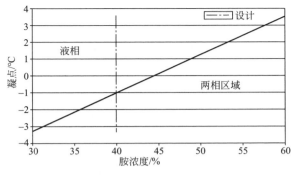

图 2-11 凝点和胺浓度曲线

（3）开车

开车注意事项包括：①确定塔内的液面，系统必须处于惰性条件下；②向吸收塔中加入原料气，向塔内加压使压力达到设计值；③在低流速下开始胺循环（大约为设计值的 50%）；④使用进料蒸气将溶液带入再沸塔和稀溶液冷却塔使溶液达到操作温度；⑤加大循环量至设计值的 70%～80%；⑥添加初始进料消泡剂；⑦原料气按照低于流量的50%进行投料，确定操作温度与压力正常；⑧确定冷凝物液面后启动回流泵；⑨每步按 5%～10% 的速度缓慢地增加设备的负荷；⑩在启动期间，液体流速应该比通常原料气流速高 20%。

为了阻止泡沫生成，视情况添加消泡剂。需对溶剂进行分析：胺浓度每天一次，水的比例每天一次，泡沫检测一周三次，重金属每个季度一次。

（4）最佳操作条件

吸收塔最高温度通常在 45～50℃，再生器压力要尽可能低，根据需要确定溶剂循环速率，汽提塔温度依据设计进行控制。

2.2.6.5 操作参数变更影响

（1）贫液温度

贫液温度高于设计温度时，吸收塔底温度变高，吸收速度变快，CO_2吸附量变低，溶剂热交换效率变低，闪蒸过程温度变高。

（2）原料气温度

原料气温度比设计温度增高时会导致吸收塔顶的温度增高。原料气与水饱和的情况下，随原料气输入的水分可能会因为温度的增高而明显增多，水的组分必须得到调整。如果原料气温度太高，可能需要从回流再生装置中将冷凝液排掉以实现单位水的平衡。

（3）原料气压力

原料气压力低于设计值时，由于 CO_2 的局部压力降低导致吸收塔的驱动力降低，吸收性能会降低。吸收塔的压力高于设计时有利于酸气的吸收。

（4）汽提塔塔顶压力

汽提塔塔顶压力高于设计值时，汽提塔温度增高（顶端和底端），汽提塔再沸器能量需求轻微增高，再沸器运行温差降低，溶剂热交换功效增大，汽提塔塔顶水蒸气组分少量降低，凝汽器热负荷少量降低，塔的水压载荷降低。

（5）汽提塔再沸器功效

汽提塔再沸器功效高于设计值时，能量消耗增高，汽提塔顶温度增高，凝汽器热负荷增大，汽提塔塔顶水蒸气组分增多，水汽载荷增大。

（6）溶液浓度

溶液浓度高于设计值时，溶液黏度增大，质量传递性能降低（源于过高的溶液黏度），填料过程中溶液阻力增大，压力下降增大。

溶液浓度低于设计值时，钝化不足可能导致腐蚀风险，CO_2 吸收能力降低，溶剂循环速率需求增大，能量消耗增大。

（7）CO_2 漏走

导致 CO_2 漏走现象严重的因素可能有：原料气组分、温度、压力在设计范围外，原料气压力太低，溶剂循环速率太低，原料气比率太高，贫液温度太低，贫液压力太高，活化剂浓度不足，溶剂再生不足，起泡倾向增大，机械损伤或塔与分料器等设备堵塞，溶剂浓度太低。

（8）溶液流动速率

溶剂循环速率依据原料气状况而定，溶液流动速率要与被净化的 CO_2 量成比例，在 CO_2 更高的分压下 CO_2 的吸收能力增大，在更高的溶液流动速率下降低活化剂的量依然可以稳定运行。

（9）导致起泡的常见物质

导致起泡的常见化合物包括：来自不够清洁的容器或填料塔的油、

油脂，跟随原料气进入的重质烃或长链有机酸，低温下催化剂转化导致的灰尘，小颗粒（如铁锈、木炭等），水中的污染物。

（10）发泡现象严重的征兆

发泡现象严重的征兆包括：塔中的压力差变大，塔底液位难以控制，废气中的烃的组分很高，在分馏冷凝物或气液分离罐中 aMDEA 组分很高，CO_2滑溜速度突然增加，发泡测试在规定范围之外。

（11）溶剂损失

避免溶剂损失的措施包括：加大维护措施频率，安装避免夹带的设备，减少机械原因导致的溶剂损失（泵的泄漏、清洗、过滤器中的置换或废气流中夹带的液体）。

第 3 章
东方终端脱 CO_2 系统

3.1 概述

东方终端脱碳装置是为适应天然气管输和作为燃气，以及满足某化肥厂和某甲醇厂配气使用的要求而设立的天然气净化装置。依照原料气性质和产品质量的要求，对含二氧化碳天然气净化采用先进的改良MDEA法进行脱碳，同时再生出的 CO_2 气体便于回收利用，流程简单，操作方便，生产管理简便，经济合理。

3.2 aMDEA 脱碳原理

3.2.1 MDEA 的物理性质

（1）MDEA

见 2.2.3 节内容。

（2）活化剂

名称：无水哌嗪。

型号：TSHH-302 型。

分子式：$C_4H_{10}N_2$。

分子量：86.14。

分子结构：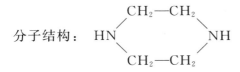

3.2.2 活化 MDEA 溶液吸收原理

活化 MDEA 脱碳机理见本书第 2 章 2.2 节。

MDEA 溶液吸收 CO_2 机理示意图如图 3-1 所示。

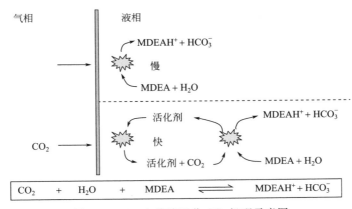

图 3-1　MDEA 溶液吸收 CO_2 机理示意图

3.2.3 MDEA 溶液的物理化学反应

MDEA 溶液兼有物理溶剂和化学溶剂的性能，由于 MDEA 溶液对 CO_2 的吸收能力大，可在较低的吸收塔高度或较小的溶液循环量，达到所需要的气体净化度。其物理吸收性能在 CO_2 分压大于 1bar 情况下表现明显，则其溶液再生能耗较低。若欲获得高的净化度可通过调节溶液中活化剂浓度实现，这种调节可以控制其倾向于物理吸收或化学吸收。

MDEA 能与水和醇混溶，微溶于醚。在一定条件下，对 CO_2 等酸性气体有很强的吸收能力，而且反应热小，解吸温度低，化学性质稳定，无毒，不降解。

纯 MDEA 溶液与 CO_2 不发生反应，但其水溶液与 CO_2 可按下式反应：

$$CO_2 + H_2O \Longrightarrow H^+ + HCO_3^- \tag{3-1}$$

$$H^+ + R_2NCH_3 \Longrightarrow R_2NCH_3H^+ \tag{3-2}$$

式（3-1）受液膜控制，反应速度极慢，式（3-2）则为瞬间可逆反应，因此式（3-1）为 MDEA 吸收 CO_2 的控制步骤，为加快吸收速率，在 MDEA 溶液中加入 $1\%\sim5\%$ 的活化剂 DEA（$R_2'NH$）后，反应按下式进行：

$$R_2'NH + CO_2 \Longrightarrow R_2'NCOOH \tag{3-3}$$

$$R_2'NCOOH + R_2NCH_3 + H_2O \Longrightarrow R_2'NH + R_2CH_3NH^+HCO_3^- \tag{3-4}$$

式（3-3）＋式（3-4）

$$R_2NCH_3 + CO_2 + H_2O \Longrightarrow R_2CH_3NH + HCO_3^- \tag{3-5}$$

由式（3-3）～式（3-5）可知，活化剂吸收了 CO_2，向液相传递 CO_2，大大加快了反应速度，而 MDEA 又被再生。MDEA 分子含有一个叔胺集团，吸收 CO_2 生成碳酸氢盐，加热再生时远比伯胺生成的氨基甲酸盐所需的热量低得多。

3.2.4 MDEA 溶液的性质

各种杂质都可能进入系统并在溶液中引起泡沫，如果不加以处理，这种泡沫就会引起塔的液泛而使它不能操作。

操作人员应当每班都要做一次溶液的泡沫实验并把结果记录下来，特别是在原始开车阶段，当预计到有问题以及在原始开车时，贫液和富液都应当加以检查，此外实验室还要定期取出生产溶液进行"鼓泡实验"，作为补充检查。原始开车时建议消泡剂的含量为 500mg/kg（质量分数），前 1～2 个月，或大量补充 MDEA 后 1～2 周内，只要有发泡迹象就要添加消泡剂 300～500mL，以后可间断或在有强发泡预兆时添加 200mL。

由于系统中可能存在的杂质的物理性质变化很大，用塔进出口溶液做的泡沫实验还不是判断起泡问题的一个绝对指标。例如，少量高级脂肪酸会在吸收塔顶部"冷"塔段与底部"热"塔段之间被截留，并慢慢地积累到足够高的浓度使塔液泛，所以还要从塔的压差计上进一步来检查起泡性，如果压差突然增大而没有气量变化等明显的原因，那么就表明塔内的积液增加了，是液泛和带液的先兆。

加入消泡剂是通常采取的减少杂质影响的一项预防措施，消泡剂型号是 SI-80。本装置的消泡剂的加入量为 100mL/d。SI-80 是一种硅质悬浮液，因此将其加入溶液之前必须充分搅拌均匀。SI-80 可连续、间断或在有强发泡预兆时加入。

高发泡迹象包括：化验结果发泡趋势明显；吸收塔、再生塔塔压差升高；再生塔塔中、塔底液位难以控制；送出气中二氧化碳含量高；回流罐或净化气分离器内液体中 MDEA 含量高。

建议规律非连续地加入消泡剂，效果比连续加入好，如一班一次。

MDEA 溶液呈淡黄色，若与空气长期接触会使溶液带有褐色（10^{-6} 级降解物），此时 MDEA 溶液的吸收性能不会受到影响，但溶液起泡性增强。

3.2.5 MDEA 溶液的控制

防止 CO_2 漏过吸收塔就是要维持足够的溶液浓度及循环量。溶液的浓度不应变化很大，除非系统中物料有很大的损失，但循环量可以很容易地根据进入系统的 CO_2 量调节到最好的操作情况。例如，如果工厂是要长期在设计能力 90% 的情况下操作，那么为了很好地脱除 CO_2，循环量应当减少到设计值的 90%～95%。

正常操作时应当检查贫液以控制溶液的浓度，设计的浓度根据各个工厂条件的不同而有变化，但一般为 (40±5)%MDEA＋活化剂。

必须精心调整系统的水平衡，使溶液的浓度保持稳定并防止再生塔底部的液位消失，这是通过回流泵来实现的。

为了保证这个系统的有效操作，有一些要点应当记住：

① 每班按计划取样进行实验室分析；

② 每班做泡沫试验，检查溶液的颜色；

③ 经常进行检查以控制溶液的浓度，必要时调整水的平衡；

④ 经常检查吸收塔的压差，特别是在关键的开工阶段，如果吸收塔的压差太大，就要加入消泡剂，如果产生液泛及带液，必要时还要减少气量和泵循环量以防止带液和抽空，直至消泡剂起作用为止；

⑤ 每班检查并记录消泡剂的注入速度；

⑥ 经常检查塔内的液位高度，作为系统操作是否正常的一个标志；

⑦ 维持足够的循环量，以防止 CO_2 的漏过；

⑧ 只能用符合要求的脱盐水或冷凝液作为系统的补充水，绝对不能让凉水塔的水进入系统，为此要防止有水漏入地下槽，地下槽要有盖，应当注意不让油类或其他杂质进入；

⑨ 由于用机械除去消泡剂组分，旁路的过滤器能使消泡剂失去活性，因此旁路的过滤器的流量不要比所要求的量高。

3.2.6 MDEA 法脱碳技术的特点

① MDEA 溶液兼有物理吸收和化学吸收的特点，溶剂对二氧化碳的负载量大。

② 再生时靠闪蒸解吸出大量的二氧化碳，富液温度也因为二氧化碳解吸吸热而降低，可以直接送往吸收塔下段，只有少量的半贫液需要进一步再生到贫液，从而减少了再生所需的热耗。

③ 各种醇胺溶液中，二氧化碳在 MDEA 溶液中的溶解热最低，因而吸收与再生之间的温度差最小，且再生温度低，可以达到降低脱碳过程的水、电、汽消耗的目的。

④ MDEA 稳定性较好，在使用过程中很少发生降解的情况，它对碳钢设备几乎无腐蚀，再生塔顶设置稀液洗涤段，回收出装置气体中夹带的 MDEA 溶液，正常生产中溶液的年补充率为 2%～3%。

⑤ 烃类回收率高（≥99.5%），二氧化碳脱除精度高（该方案设计为 2%）。

⑥ 副产品二氧化碳回收率高、纯度高（≥99.7%），经过简单后处理即可达到食品级标准。

⑦ 工艺过程中产生的闪蒸气，可以作为燃料进入燃料管网。

3.3 脱碳工艺流程

3.3.1 一期和二期脱碳工艺流程

脱碳单元布置在过滤分离单元与增压单元之间，采用两段吸收流程，贫液循环量小，热耗较低，但半贫液循环量较大。过滤分离单元控制露点后天然气（3.2MPa，20℃）经 E-A722（二期 E-Q102）与净化后天然气换热后（35℃），再与来自干燥器的再生/冷吹气混合后进吸收塔下部由下向上流动，与塔内自上而下的 MDEA 溶液逆流接触，MDEA 溶液吸收 CO_2，净化天然气（CO_2 含量小于 1.5%，3.15MPa，60℃）经 E-A726（二期 E-Q106）水冷后（40℃）进 V-721（二期 V-Q101）分出凝结水，再经 E-A722（二期 E-Q102）与进料气换热后（3.1MPa，20℃）进干燥器入口分离器 V-A946（二期 V-Q326）进一步分离后，进干燥器 V-A947A/B（二期 V-Q327A/B）干燥后使水露点在 0℃以下，进外输增压机增压外输。吸收 CO_2 后的富 MDEA 溶液（3.2MPa，83℃）由吸收塔底流出，经过 P-A724（二期 P-Q104）减压回收压力能后在闪蒸塔 T-A843（二期 T-Q123）内闪蒸出吸收的烃类气体，0.9MPa、82℃的闪蒸气经 E-A845（二期调压后进 E-Q116A/B，冷却后进 V-Q117A/B 分离出冷凝水）冷却后进 V-A844 分出冷凝水，V-A844 出口闪蒸气中惰气组分含量近 60%，热值较低，与部分脱碳高热值天然气混合后作为低压燃气使用（若热值低时，可直接排到高压放空系统）。闪蒸塔顶设洗涤段以减少塔顶闪蒸气中的 MDEA 损失，并提高闪蒸气热值，贫液回流量 5m³/h（二期没有），T-A843（二期

T-Q123)出口富 MDEA 溶液进再生塔 T-A834（二期 T-Q114）上段进一步常压解吸，溶液沿再生塔向下与来自汽提段的水蒸气逆流接触，大部分 CO_2 被解吸。T-A834（二期 T-Q114）上段半贫液（0.1MPa，72℃）大部分经泵 P-A724 或 P-A725（二期 P-Q104 或 P-Q105）提升后进吸收塔中部，少部分半贫液经溶液泵 P-A730A 或 P-A730B（二期 P-Q110A或P-Q110B）提升后在换热器 E-A728（二期 E-Q108）内与贫液换热到 100℃后进入再生塔汽提段上部进行加热再生。半贫液在再沸器 E-A833（二期 E-Q113）中被加热到 113℃，高温条件下 CO_2 进一步解吸，溶液得到完全再生。完全再生后的 MDEA 贫液（113℃）由再生塔底流出，经贫液增压泵 P-A733（二期贫液增压泵 P-Q113）增压至 0.3MPa，进换热器 E-A728（二期 E-Q108）中与半贫液换热，温度降至 88℃后（二期进贫液冷却器 E-Q108 后冷却到 60℃，经贫液泵 P-Q109A/B/C 增压控制流量后进吸收塔 T-Q103）经贫液泵 P-A729A/B 增压至 3.8MPa，再经冷却器 E-A727 冷却到 60℃后进吸收塔上段。再生塔顶馏出的 CO_2 与水蒸气经过 CO_2 冷却器 E-A836（二期 E-Q116A/B）冷却到 40℃后进回流罐 V-A837（二期 V-Q117），V-A837（二期 V-Q117）分出的液态水经回流泵 P-A835（二期 P-Q115A/B）增压后作为回流返回再生塔 T-A834（二期 T-Q114）塔顶，V-A837（二期 V-Q117）分出的 CO_2 送至放空筒中放空或外输利用。再生塔顶设三块浮阀塔板作为洗涤段，以减少塔顶馏出气中的 MDEA 损失。脱碳系统水量平衡采用大化肥来脱盐水通过 LV-833（LV-Q217）自动补充。为减少脱盐水补充量，净化气分液罐 V-A721（二期 V-Q101）排回闪蒸塔 T-A843（二期 T-Q123），干燥器入口分离器 V-A946（二期 V-Q326）分出水由于含油比较多排到凝析油分离器（V-B102），保留排到闪蒸塔 T-A843（二期 T-Q123）的流程，当 CO_2 分液罐 V-A837（二期 V-Q117）出口冷凝水中 Cl^- 含量超过 50×10^{-6} 时需将冷凝水排入污水池。

为了滤除脱碳系统内产生的腐蚀产物和天然气中带入的重烃，避免堵塞吸收再生塔床层，该工程在溶液泵 P-A730（二期 P-Q110）出口设置了旁滤流程，部分半贫液（50m³/h）经颗粒过滤器 V-A731（二期

F-Q111)和活性炭过滤器 V-A732（二期 F-Q112）过滤后返回泵入口半贫液。旁滤新增加五联过滤器，可实现自动反冲洗功能。一期流程为溶液泵 P-A730 出口进五联过滤器过滤后返回至入口，二期流程则是从溶液泵 P-Q110 出口先经过颗粒过滤器 F-Q111，再进入五联过滤器过滤后返回至入口。

再生塔再沸器的热源来自 0.5～0.3MPa 低压蒸汽。该工程脱碳单元设 400m³ 溶液罐 TK-A842（二期 500m³ 溶液罐，TK-Q122），用于储存事故时系统内排出的 MDEA 溶液。为防止 MDEA 氧化，溶液储罐设有氮封，考虑溶液加注和事故排液，脱碳单元设有地下槽 V-A838（二期 V-Q118），溶液通过地下槽泵 P-A839A/B（二期 P-Q119A/B）加注到再生塔或储存到溶液罐。

杂质和重烃进入系统会在溶液中引起泡沫，泡沫会引起溶液发泡，这是塔液泛产生的重要原因。为消除重烃等组分造成的塔内 MDEA 起泡，脱碳单元设有消泡剂加注流程，消泡剂（SI-80）通过 P-A841（二期 P-Q120）加注到贫液泵入口、闪蒸塔入口或再生塔入口。消泡剂加入量为 300mL/d，在加入前要搅拌均匀，一般在有高发泡迹象时或按一定时间间隔定期加入（一班一次）。高发泡迹象表现见前面叙述。

为了保证 CO_2 的有效脱除，溶液循环量和再生程度需要保证。当装置负荷降低时，可通过降低相应的贫液和半贫液循环量，降低蒸汽供应量来实现节能降耗。

3.3.2　乐东脱碳工艺流程

露点单元来天然气（3.2MPa，24℃）在气气换热器（E-LA722）中与净化后的天然气换热后（3.17MPa，38℃）进脱碳吸收塔（T-LA723）下部由下向上流动，与自上而下的 MDEA 溶液逆流接触，MDEA 溶液吸收 CO_2。脱碳吸收塔顶脱碳后净化天然气（3.12MPa，45℃，CO_2 含量小于 1.5%）经净化气冷却器（E-LA726）冷却后，进入净化气分液罐（V-LA721）分离出液滴后进入脱水单元。脱碳吸收塔（T-LA723）底部吸收 CO_2 后的 MDEA 富液（3.17MPa，83.4℃）经过半贫液透平泵（P-LA724）能量回收后（0.9MPa，83.1℃）进脱碳闪蒸塔释放出吸收的烃类气体和部分CO_2，脱碳闪蒸塔底出口MDEA富液进脱碳再生塔（T-LA834）上段进一步常压解吸，在脱碳再生塔内与来自汽提段的蒸气逆流接触，大部分CO_2被解吸，脱碳再生塔上段半贫液（73.1℃）大部分经半贫液泵（P-LA724/P-LA725）提升后进脱碳吸收塔（T-LA723）中部，少部分经溶液泵（P-LA730A/B）提升，与贫液在溶液换热器（E-LA728）中换热到96℃后进脱碳再生塔汽提段进行完全再生。完全再生后的MDEA贫液（114.4℃）由脱碳再生塔底流出，在溶液换热器（E-LA728）中与脱碳再生塔中部来半贫液换热，温度降至81.2℃再经贫液冷却器（E-LA727）冷却到49.8℃后进贫液泵（P-LA729A/B），增压至4.0MPa后进脱碳吸收塔上段。脱碳再生塔顶闪蒸出的CO_2气体（76.7℃）经过CO_2冷却器（E-LA836）冷凝冷却后，进入CO_2分液罐（V-LA837）分出游离水，送至CO_2放空筒中放空，分出的液态水作为回流循环回脱碳再生塔。

3.3.3 流程特点

① 要求净化气中CO_2含量低于1.5%，采用aMDEA工艺净化天然气外输气中CO_2含量可小于0.1%，为减少装置MDEA贫液循环量，降低再生塔负荷，吸收塔为二段进料（少部分贫液进上段吸收，大部分半贫液进下段吸收），再生塔采用二段再生（富液进闪蒸段低压闪蒸解吸出大部分CO_2后大部分半贫液直接进吸收塔下段，少部分半贫液进汽提段加热解吸，再生塔塔底贫液换热后进吸收塔上段）。二段吸收、二段再生贫液循环量少，热耗较低，同时可调整贫液和半贫液比例以控制外输气中CO_2含量指标。

② 脱碳流程中吸收塔、再生塔间设闪蒸气分离冷却系统，实现闪蒸气中有效组分的回收和利用。

③ 闪蒸气出路的闪蒸气压力为0.8MPa，闪蒸气气量（标准状态）为$800m^3/h$，闪蒸气冷却后补充部分高热值脱碳天然气后可作为锅炉燃料气使用。

④ 为了有效控制天然气出口CO_2含量，在装置出口设置了在线CO_2分析仪。

⑤ 系统中的核心设备是 3 个塔，即吸收塔、再生塔和闪蒸塔。为了回收吸收塔底富液的压力能，流程中设置了一台水力透平驱动的半贫液泵。因为流程中换热器较多，所以循环水耗量很大。

⑥ 再生塔再沸器热源由蒸汽提供，蒸汽锅炉的正常运转是保证再生效果的前提。

⑦ 流程中大口径的球阀、装置关断阀、半贫液泵、变送器、压力开关、液位开关、调节阀、仪表根部阀（包括变送器、压力表）、在线分析仪为进口设备。

⑧ 标准设备中的 MDEA 输送泵、贫液换热器及 CO_2 冷却器采用不锈钢材质制造；非标准设备中的 CO_2 分液罐、MDEA 闪蒸罐和再生塔闪蒸段采用不锈钢材质（一期再生塔为不锈钢材质，放空筒为碳钢材质；二期再生塔下段为碳钢材质，上段为不锈钢材质，放空筒为不锈钢材质）制造；工艺管线中再生塔塔顶管线采用不锈钢材质制造，其他设备、管线均采用碳钢材质制造。

⑨ 设备防腐：MDEA 溶液和 CO_2 气体（湿气）存在腐蚀性，设计上考虑有 5mm 的腐蚀余度，并且 MDEA 溶液中添加了缓蚀剂，腐蚀率可以降低到 0.025mm/a。

3.4 脱碳系统主要设备简介

3.4.1 一期脱碳设备

① 吸收塔 吸收塔为变截面填料塔，塔内装有两段散堆扁环填料，上段塔内径为 DN 2400mm，下段塔内径为 DN 3400mm，上段填料规格为 ϕ38mm，下段填料规格为 ϕ50mm，塔总高 47m。筒体、封头采用 16MnR 钢板，填料材质为 Cr18Ni9。在塔内进行气液逆流接触并发生吸收反应，吸收塔是脱碳系统的核心设备。吸收塔的内部有丝网除雾

器、分布器、再分布器、扁环填料、填料压板等。吸收塔的顶部和底部设有差压计，发生液泛时，差压计压差会增大，压差超过 30kPa 表明出现了泛塔现象，应及时向贫液泵入口注入消泡剂。吸收塔设计采用二段吸收，少部分贫液进上段吸收，以确保外输气指标。吸收塔主要技术参数如表 3-1 所示。

表 3-1　吸收塔主要技术参数

设计压力	3.6MPa	最高工作压力	3.4MPa	操作压力	3.2MPa
设计温度	80℃/100℃	最高工作温度	60℃/83℃	操作温度	60℃
容积	293m³	腐蚀余度	5mm	使用寿命	25 年
尺寸/mm		*DN* 2400（上段）/*DN* 3400（下段）×43785			
水压试验	卧置 4.9MPa，立置 4.5MPa		材料	筒体、封头 16MnR	

②闪蒸塔　闪蒸塔为变截面填料塔，塔内装有两段散堆扁环填料，上段塔内径为 *DN* 600mm，下段塔内径为 *DN* 2600mm，上段填料规格为 ϕ38mm，下段填料规格为 ϕ50mm，塔总高 18.4m。由于 CO_2 有较强的腐蚀性，闪蒸塔、塔内件及填料材质均为 Cr18Ni9。在闪蒸塔内进行降压闪蒸，闪蒸后的溶液进再生塔闪蒸段。闪蒸塔主要技术参数如表 3-2 所示。

表 3-2　闪蒸塔主要技术参数

设计压力	1.1MPa	最高工作压力	1.0MPa	操作压力	0.9MPa
设计温度	90℃	最高工作温度	83℃	操作温度	70℃
容积	53.3m³	腐蚀余度	0mm	使用寿命	25 年
尺寸/mm		*DN* 1600（上段）/*DN* 2600（下段）×18400			
水压试验	卧置 1.56MPa，立置 1.38MPa		材料	筒体、封头 Cr18Ni9	

③再生塔　再生塔为变截面填料塔，塔内装有两段散堆扁环填料，上段塔内径为 *DN* 3800mm，下段塔内径为 *DN* 2600mm，汽提段填料规格为 ϕ38mm，闪蒸段填料规格为 ϕ50mm，塔总高 57.95m。由于 CO_2 有较强的腐蚀性，再生塔上段筒体及上封头采用 Cr18Ni9 不锈钢板，下段筒体及下封头采用 16MnR 钢板，既保证了设备的使用寿命，又降低了设备投资，塔内件及填料材质均为 Cr18Ni9。在塔内进行解

吸，再生后的半贫液和贫液返回吸收塔。再生塔的内部有三层浮阀塔板，使回流水和 CO_2 闪蒸气体充分接触，其作用为减少 CO_2 闪蒸气中的 MDEA 携带量。其顶部有一条 2in（1in＝0.0254m）管线直通到塔底，使回流水旁通再生塔填料，降低了再生塔填料段液相负荷，提高了半贫液浓度。再生塔顶部和底部设有差压计，发生液泛时，塔的压差会增大，超过 50kPa 时表明出现了泛塔现象，应及时注入消泡剂。再生塔采用二段再生，富液进闪蒸段低压闪蒸解吸出大部分 CO_2，来自闪蒸段的半贫液大部分直接进吸收塔下段，少部分进再生塔汽提段加热解吸。再生塔主要技术参数如表3-3所示。

表3-3　再生塔主要技术参数

设计压力	0.21MPa	最高工作压力	0.2MPa	操作压力	0.06MPa
设计温度	130℃	最高工作温度	120℃	操作温度	110℃
容积	462m³	腐蚀余度	5mm/0mm	使用寿命	25 年
尺寸/mm	DN 3800(上段)/DN 2600(下段)×59500				
水压试验	卧置 0.752MPa,立置 0.275MPa		材料	筒体、封头 16MnR/Cr18Ni9	

④ 净化气分液罐　该设备为普通的立式分离器，顶部有丝网除雾器，能捕捉气体中的小液滴，使液滴不断增大，最后进入分离器的底部，分离器设有液位计和液位开关，主要为了防止气体携带液体进入压缩机。净化气分液罐主要技术参数如表3-4所示。

表3-4　净化气分液罐主要技术参数

设计压力	3.6MPa	最高工作压力	3.4MPa	操作压力	3.2MPa
设计温度	60℃	最高工作温度	50℃	操作温度	40℃
容积	10.9m³	腐蚀余度	2mm	使用寿命	25 年
尺寸/mm	DN 1600×6450				
水压试验	卧置 4.55MPa,立置 4.5MPa		材料	筒体、封头 16MnR	

⑤ 颗粒过滤器　该过滤器用来过滤溶液中的杂质，防止设备堵塞。

⑥ 活性炭过滤器　该过滤器用来过滤溶液中的杂质和重烃，避免溶液起泡。活性炭过滤器主要技术参数如表3-5所示。

表 3-5　活性炭过滤器主要技术参数

设计压力	0.9MPa	最高工作压力	0.8MPa	操作压力	0.7MPa
设计温度	80℃	最高工作温度	72℃	操作温度	72℃
容积	19.1m³	腐蚀余度	2mm	使用寿命	20 年
尺寸/mm		*DN* 2000×7660			
水压试验	卧置 1.19MPa,立置 1.13MPa		材料	筒体、封头 Q235-A	

⑦ 五联过滤器　五联过滤器是一个全密闭的过滤系统,主要由五台过滤器、回路控制阀等组成,其控制方式可为自动运行、手动测试两种。在 PLC 系统控制下完成 2 个大步骤操作,可实现自动充液过滤与反吹冲洗排渣功能。在过滤器的工作进程中,依靠各气动阀的位置开关信号、压差测量信号等完成相应过程逻辑判断和程序操作,保证系统各进程之间的安全可靠转换。五联过滤器主要技术参数如表 3-6 所示。

表 3-6　五联过滤器技术参数

设计压力	1MPa	最高工作压力	1MPa	操作压力	0.8MPa
设计温度	80℃	最高工作温度	80℃	操作温度	76℃
容积	5×0.78m³	滤芯数量		5×12 根/台	
设备占地/mm		2800×1100	设备高度/mm		2600
设备型号	MLCE1244A10100E-5		材料	容器、管线 S30408;滤布 PP;骨架材质 S31608	
滤芯尺寸/mm		ϕ35×1100	总过滤面积		5×1.45m²/台

⑧ CO_2分液罐　该分液罐主要是用来分离再生塔塔顶 CO_2 中的溶液。其主要技术参数如表 3-7 所示。

表 3-7　CO_2分液罐技术参数

设计压力	0.2MPa	最高工作压力	0.2MPa	操作压力	0.04MPa
设计温度	60℃	最高工作温度	50℃	操作温度	45℃
容积	27.32m³	腐蚀余度	0mm	使用寿命	20 年
尺寸/mm		*DN* 2200×6400			
水压试验	卧置 0.25MPa		材料	筒体、封头 Cr18Ni9	

⑨ 闪蒸气分水罐　该分水罐主要是用来分离闪蒸气中的液体,保

证闪蒸气作为燃料气的合格性。该分水罐主要技术参数如表 3-8 所示。

表 3-8　闪蒸气分水罐技术参数

设计压力	1.1MPa	最高工作压力	1.0MPa	操作压力	0.9MPa
设计温度	60℃	最高工作温度	50℃	操作温度	45℃
容积	1.4m³	腐蚀余度	0mm	使用寿命	20 年
尺寸/mm		*DN* 800×2400			
水压试验	卧置 1.38MPa		材料		筒体、封头 Cr18Ni9

3.4.2　二期脱碳设备

二期脱碳设备信息如表 3-9 所示。

表 3-9　二期脱碳设备信息

设备名称	设备参数	设备数量
净化气分液罐（V-Q101）	p 3.6MPa, DN 1600mm, H=6490 设计条件：3.6MPa/50℃ 操作条件：3.2MPa/40℃	1
吸收塔（T-Q103）	p 3.6MPa, DN 4000mm/DN 2600mm, H=42500 设计条件：3.6MPa/90℃ 操作条件：3.2MPa/60℃	1
活性炭过滤器（F-Q112）	p 0.9MPa, DN 2400mm, H=8660 设计条件：0.9MPa/80℃ 操作条件：0.7MPa/72℃	1
再生塔（T-114）	p 0.22MPa, DN 4400mm/DN 3200mm, H=58550 设计条件：0.22MPa/130℃ 操作条件：0.06MPa/114℃	1
CO_2分液罐（V-Q117）	p 0.2MPa, DN 2800mm×7800mm 设计条件：0.2MPa/50℃ 操作条件：0.04MPa/45℃	1
颗粒过滤器（F-Q111）	Q=70m³/h 设计条件：0.9MPa/80℃ 操作条件：0.7MPa/72℃	1
气水分离器（V-Q001）	p 0.7MPa, DN 800mm, H=2735 设计条件：0.66MPa/160℃ 操作条件：0.5MPa/152℃	1
地下槽（V-Q118）	常压, DN 2400mm, H=2150 设计条件：常压/100℃ 操作条件：常压/20℃	1

设备名称	设备参数	设备数量
消泡剂储罐（V-Q120）	常压，DN 500mm，$H=1358$ 设计条件：常压/40℃ 操作条件：常压/20℃	1
溶液储罐（TK-Q122）	常压，500m³ 设计条件：常压/40℃ 操作条件：常压/20℃	1
闪蒸塔（T-Q123）	p 1.0MPa，DN 3200mm，$H=13860$ 设计条件：1.0MPa/90℃ 操作条件：0.9MPa/85℃	1
粉尘过滤器（F-Q330）	p 3.6MPa，DN 800mm×3500mm 设计条件：3.6MPa/50℃ 操作条件：3.14MPa/45℃	1
再生气过滤 分离器（V-Q329）	p 3.6MPa，DN 600mm×2500mm 设计条件：3.6MPa/50℃ 操作条件：3.1MPa/45℃	1
干燥器（V-Q327A/B）	p 3.6MPa，DN 2600mm，$H=10030$ 设计条件：3.6MPa/210℃ 操作条件：3.16MPa/200℃	2
干燥器入口 分离器（V-Q326）	p 3.6MPa，DN 1600mm，$H=6480$ 设计条件：3.6MPa/50℃ 操作条件：3.16MPa/40℃	1
气气换热器（E-Q102）	板翅式，600kW	1
净化气冷却器（E-Q106）	1138kW，BES1000-4.0/1.0-205-4.5/25-2Ⅰ。 进口：管程 3.2MPa/67℃；壳程 0.4MPa/30℃。 出口：管程 3.18MPa/40℃；壳程 0.38MPa/38℃	1
贫液冷却器（E-Q107）	板式，LH1.0/150-150-W。 进口：热侧 0.4MPa/85℃；冷侧 0.37MPa/36℃。 出口：热侧 0.38MPa/50℃；冷侧 0.33MPa/41℃	2
溶液换热器（E-Q108）	板式，GX-64X449。 进口：A 侧 0.15MPa/114℃；B 侧 0.6MPa/72℃。 出口：A 侧 0.13MPa/80℃；B 侧 0.55MPa/103℃	1
再沸器（E-Q113）	BKT1400/2800-1.0-860-6/19-2Ⅰ。 进口：管程 0.5MPa/152℃；壳程 0.15MPa/113℃。 出口：管程 0.5MPa/152℃；壳程 0.15MPa/114℃	1
CO_2冷凝 冷却器（E-Q116）	板式，GX-85X435。 进口：A 侧 0.4MPa/30℃；B 侧 0.06MPa/75℃。 出口：A 侧 0.38MPa/38℃；B 侧 0.04MPa/40℃	2
再生气冷却器 （E-Q328）700kW	BES600-4.0/1.0-105-6/19-2Ⅰ。 进口：管程 3.2MPa/170℃；壳程 0.4MPa/30℃。 出口：管程 3.15MPa/45℃；壳程 0.38MPa/38℃	1

设备名称	设备参数	设备数量
半贫液透平泵(P-Q104)	$Q=1200\text{m}^3/\text{h}$；$N=1600\text{kW}$；$H=330\text{m}$	1
半贫液泵(P-Q105)	500KD-165X2；$Q=1200\text{m}^3/\text{h}$；$N=1800\text{kW}$；$H=350\text{m}$	1
贫液泵(P-Q109A/B/C)	DYP250-100X4；$Q=250\text{m}^3/\text{h}$；$H=395\text{m}$；进口泵 $N=450\text{kW}$，国产泵 $N=400\text{kW}$	3
溶液泵(P-Q110A/B)	SJA6x8Px13L-B；$Q=320\text{m}^3/\text{h}$；$N=55\text{kW}$；$H=30\text{m}$	1
回流泵(P-Q115A/B)	50AY60X2B；$Q=15\text{m}^3/\text{h}$；$N=11\text{kW}$；$H=80\text{m}$	2
地下槽泵(P-Q119A/B)	LHN40-160；$Q=20\text{m}^3/\text{h}$；$N=5.5\text{kW}$；$H=31\text{m}$	2
消泡剂泵(P-Q121)	JWM-1.6/1.2；$Q=1.6\text{L/h}$；$N=0.37\text{kW}$；$p_{出}=1.2\text{MPa}$	1
贫液增压泵(P-Q113)	ZE200-3315；$Q=250\text{m}^3/\text{h}$；$N=30\text{kW}$；$H=25.5\text{m}$	1

3.4.3　乐东脱碳系统主要设备

（1）吸收塔

吸收塔为变截面填料塔，塔内装有两段多阶梯环散堆填料，上段塔内径为 DN 2200mm，下段塔内径为 DN 3000mm，填料规格为 ϕ38，塔总高 44.6m。筒体、封头采用 Q345R 材质，填料材质为不锈钢。在塔内进行气液逆流接触，并发生吸收反应，是脱碳系统的核心设备。塔的内部有丝网除雾器、分布器、再分布器、阶梯环填料、填料压板等。吸收塔的顶部、中部及底部设有差压计，发生液泛时，差压计压差会增大，压差超过 50kPa 表明出现了泛塔现象，应及时向贫液泵入口注入消泡剂。吸收塔设计采用二段吸收，少部分贫液进上段吸收，以确保外输气指标。该吸收塔主要技术参数如表 3-10 所示。

表 3-10　乐东脱碳系统吸收塔主要技术参数

设计压力	3.6MPa	操作压力	3.27MPa
设计温度	95℃	操作温度	85℃
容积	237.6m³	腐蚀余度	5mm
尺寸/mm	DN 2200(上段)/DN 3000(下段)×44600		
水压试验	卧置 4.91MPa，立置 4.5MPa	材料	筒体 Q345R，封头 Q345R
使用寿命	25 年		

（2）闪蒸塔

闪蒸塔为变截面填料塔，塔内装有两段多阶梯环散堆填料，上段塔内径为 DN 800mm，下段塔内径为 DN 2400mm，填料规格为 ϕ38mm，塔总高 24.9m。由于 CO_2 有较强的腐蚀性，闪蒸塔、塔内件及填料材质均为不锈钢。在塔内进行降压闪蒸，闪蒸后的溶液进再生塔闪蒸段。该闪蒸塔主要技术参数如表 3-11 所示。

表 3-11　乐东脱碳系统闪蒸塔技术参数

设计压力	1.0MPa	操作压力	0.82MPa
设计温度	90℃	操作温度	83℃
容积	53.1m³	腐蚀余度	0mm
尺寸/mm	DN 800(上段)/DN 2400(下段)×24900		
水压试验	卧置 1.438MPa，立置 1.25MPa	材料	筒体、封头 06Cr19Ni10
使用寿命	25 年		

（3）再生塔

再生塔为变截面填料塔，塔内装有两段多阶梯环散堆填料，上段塔内径为 DN 3200mm，下段塔内径为 DN 2400mm，填料规格为 ϕ38mm，塔总高 58.75m。由于 CO_2 有较强的腐蚀性，再生塔上段筒体及上封头采用 06Cr19Ni10 不锈钢板，下段筒体及下封头采用 Q345R 钢板，既保证了设备的使用寿命，又降低了设备投资，塔内件及填料材质均为不锈钢材质。在塔内进行解吸，再生后的半贫液和贫液返回吸收塔。再生塔的内部有三层浮阀塔板，使回流水和 CO_2 闪蒸气体充分接触，其作用为减少 CO_2 闪蒸气中的 MDEA 携带量。顶部有一条 2in 管线直通到塔底，使回流水旁通再生塔填料，降低了再生塔填料段液相负荷，提高了半贫液浓度。再生塔顶部、中部及底部设有差压计，发生液泛时，塔的压差会增大，超过 50kPa 表明出现了泛塔现象，应及时注入消泡剂。再生塔采用二段再生，富液进闪蒸段低压闪蒸解吸出大部分 CO_2，来自闪蒸段的半贫液大部分直接进吸收塔下段，少部分进再生塔汽提段加热解吸。该再生塔主要技术参数如表 3-12 所示。

表 3-12　乐东脱碳系统再生塔主要技术参数

设计压力	0.35MPa	操作压力	0.17MPa
设计温度	125℃/90℃	操作温度	115℃/80℃
容积	343m³	腐蚀余度	5mm/0mm
尺寸/mm	*DN* 3200(上段)/*DN* 2400(下段)×58700		
水压试验	卧置 0.86MPa,立置 0.44MPa	材料	筒体、封头 Q345R/06Cr19Ni10
使用寿命	25 年		

 一期和二期脱碳系统工艺主要改造及区别

3.5.1　主要改造

（1）锅炉系统蒸汽和凝结水连通改造

一期脱碳系统只设计有两台蒸汽锅炉，没有备用，二期脱碳系统有蒸汽锅炉三台，为了充分利用两套系统的备用资源，分别将一期和二期蒸汽系统的蒸汽和凝结水回流连接起来，方便系统操作和维护。

（2）增加余热锅炉，蒸汽并入一期、二期蒸汽管网

将直接排放的透平压缩机燃烧的高温烟气热量通过余热锅炉回收，产生的蒸汽并入一期、二期蒸汽管网，提高东方终端的能源利用率，减少天然气的消耗，节省生产成本，同时可以减少大量温室气体的排放，达到节能减排的目的。

（3）隔离蝶阀改造更换为球阀

在某些特定工况下，半贫液泵长时间停止运转，吸收塔内的天然气反窜回半贫液泵入口，再次启动半贫液泵可能导致管线排气困难，泵入口管线气体不能完全排出，启泵后产生气蚀，严重影响泵的使用寿命。将一期半贫液泵出口流量控制阀 FV-A714（二期为 FV-Q142）后隔离蝶阀改造为球阀，密封性好，吸收塔内气体不会反窜回半贫液泵入口。

（4）一期和二期吸收塔塔底富液控制阀增加 4in（1in＝2.54cm，下同）小旁通

一期和二期半贫液泵水力透平端故障时，吸收塔塔底液位分别单独用流量控制阀 LV-A705/1 和 LV-Q108/1 控制。控制阀门通过液量大，在压差大的情况下长时间运行导致阀杆断裂，影响生产的正常运行。针对这种情况，在原有流量控制的基础上，增加 4in 小旁通液位控制阀控制（一期为 LV-A705/4，二期为 LV-Q108/4）参与吸收塔液位调节，大大提高阀门运行稳定性。

（5）一期脱碳系统 CO_2 放空管线改造

设计时一期脱碳系统 CO_2 放空管线 20in，放空调节阀是 14in。投产后发现 CO_2 分液罐的操作压力偏高，脱碳效果不理想，并且噪声大，后将放空管线上 14in 放空调节阀拆除后，通过手动调节阀，把操作压力 0.05MPa 下调至 0.05MPa，脱碳效果明显，噪声消除。

（6）增加一期、二期闪蒸塔充压管线

一期、二期设计时闪蒸塔没有充压管线，如果压缩机关停，脱碳系统没有天然气通过，会造成闪蒸塔压力下降，如果补压不及时会引起脱碳系统关停。因此，一方面通过净化器进口管线引 3/4in 管线给闪蒸塔充压，另一方面通过闪蒸塔气相出口增加的氮气充压管线给闪蒸塔充压，以此解决因压缩机关停，脱碳系统启动充压难的问题。

（7）干燥气入口分离器和净化器分液罐排液流程改造

原来设计干燥气入口分液罐和净化器分液罐的液体是排放到闪蒸塔，但是两罐分离物含有少量凝析油，对 MDEA 造成影响，严重时会引起 MDEA 起泡，造成液泛现象。

（8）闪蒸气回收利用

一期和二期闪蒸气除了到放空流程外，一期闪蒸气可以经过贫液洗涤后进入低压燃料气系统，二期可以经过闪蒸气压缩机压缩后进入二期吸收塔，重新利用。

（9）二期吸收塔半贫液泵透平端液位控制阀移位

二期吸收塔半贫液泵透平端液位控制阀由阀前移位到阀后，以减少富液由于节流产生的气体对泵的气蚀。

（10）脱碳系统旁滤增加五联过滤器，实现在线反洗

在大修停产恢复初期，系统内杂质较多，投用旁滤后，旁滤系统内的颗粒过滤器和袋式过滤器压差短时间内升高，需要频繁隔离、泄压、拆除滤芯清洗，大大提高了工作量。设置五联过滤器后可实现在线反洗，反洗产生的溶液进入溶液储罐静置和回收。

（11）一期脱碳吸收塔进口关断阀 SDV-A704 后增加隔离球阀

一期吸收塔进口关断阀设计时没有隔离球阀，在实际生产中需要二期脱碳系统运行的同时进行一期脱碳系统的检修。在一期检修期间仅仅单阀隔离，需加盲板，大大增加了检修工作量。增加隔离球阀后，满足了双阀隔离加排空的要求。

（12）增加贫液增压泵

再生塔出口到贫液泵进口的压力损耗大，使得贫液泵的进口压力低，造成贫液泵出口流量达不到设计值。在再生塔贫液管线上增加贫液增压泵，提高了贫液泵入口的压力，大大提高了贫液泵实际运行的排量，增加了溶液循环量，使得脱碳效果更好。

3.5.2　一期和二期脱碳系统的主要区别

（1）二期闪蒸塔未设置洗涤段

由于二期闪蒸气经闪蒸气压缩机回收，也可排放到 CO_2 放空筒或高压放空，所以未设置洗涤段。

（2）二期闪蒸塔未设置冷却器和分液罐

二期闪蒸气进 CO_2 冷却器进口，冷却后在 CO_2 分液罐分液后再排到 CO_2 放空筒，与 CO_2 共用冷却器和分液罐，因此未设置闪蒸气冷却器和分液罐。

（3）二期与一期贫液冷却器的位置不同

一期贫液冷却器设置在贫液泵的出口，二期贫液冷却器设置在贫液泵的进口，降低了贫液泵的耐温要求和贫液冷却器的压力等级要求。

（4）换热器种类不同

一期贫液冷却器、溶液冷却器和 CO_2 冷却器为管壳式换热器，二期贫液冷却器、溶液冷却器和 CO_2 冷却器为板式换热器。一期净化气冷却

器为板式换热器，二期净化气冷却器为管壳式换热器。

3.6 主要参数控制方式

3.6.1 一期和二期主要参数控制方式

（1）吸收塔液位控制

吸收塔液位是由其塔底出口的液位控制阀来控制的。塔液位过高，会引起泛塔现象，破坏塔的正常操作，大量的 MDEA 溶液会从塔顶被天然气带走，引起 MDEA 溶液的损失。塔液位过低，吸收效果会变差，同时塔底富液的压力能无法正常回收，影响半贫液透平泵的正常操作，带来电耗的增加。因此，控制好正常的塔液位是系统操作的关键。通过一期 LIC-A705（二期 LIC-Q108）保证塔底液位稳定，正常操作由一期 LV-A705/2（二期 LV-Q108/2 和 LV-Q108/3）调节并回收能量，当液力透平泵故障时由旁路调节阀（一期 LV-A705/1 和 LV-A705/4，二期 LV-Q108/1 和 LV-Q108/4）调节。为保护下游设备，防止液位过低，高压气进入低压系统，吸收塔底设有低低液位联锁停泵保护。

（2）压力和温度控制

吸收塔的正常操作压力为 3.2MPa，控制好塔压是保证吸收效果的关键因素之一。天然气处理流程中在段塞流出口设置了有效的压力控制，保证系统压力的稳定。在装置进口设置了压力高高开关保护，保证系统压力不超高。

吸收塔正常的操作温度为 60℃，它是由进塔天然气（包括再生气）的温度和 MDEA 溶液的温度所决定的。塔温低对塔吸收有利，操作时需有效控制好丙烷制冷温度、再生气加热炉的出炉温度、蒸汽锅炉的出炉压力才能保证进塔物料的正常温度。

（3）吸收塔半贫液流量控制

进吸收塔的半贫液和贫液的流量分别由各自的流量控制阀来控制。如果进塔半贫液与贫液流量比增加，在其他参数一定的情况下，天然气出口 CO_2 含量会增加；如果进塔半贫液与贫液流量减少，在其他参数一定的情况下，天然气出口 CO_2 含量会减少。根据天然气出口 CO_2 含量的变化来调节半贫液和贫液的流量比，不仅可以将外输天然气中 CO_2 含量控制在 1.5%，而且可以减少泵的电耗，节省操作费用。

FIC-A714 和 FICA731（二期 FIC-Q146）控制器为选择控制，当再生塔中部 LT-A805 液位在正常范围时，FV-A714 受 FIC-A714 调控。如果 LT-A805 液位超低时，FV-A714 受 LIC-A805 控制。二期 FV-Q142 则由 FIC-Q142 流量多少控制，没有其他选择。同样当再生塔塔底液位（一期 LT-A807，二期 LT-Q206）在正常范围时，一期 FV-A731（二期 FV-Q146）受一期 FIC-A731（二期 FIC-Q146）调控，如果 LT-A807（二期 LT-Q206）超低时，FV-A731（二期 FV-Q146）受 LIC-A807（二期 LT-Q206）控制。

（4）再生塔操作压力控制

再生塔操作压力正常为 0.1MPa，由 CO_2 分液罐 CO_2 出口的压力控制阀来控制。如果上 CO_2 利用装置，不能影响塔的正常操作压力。再生塔压力越低，对再生越有利。

调控 PV-A832（二期 PV-Q213）保证再生塔的压力稳定 [0.04MPa（G）]，压力高影响再生效果，压力低能耗增加。

（5）再生塔操作温度控制

温度（一期 TIC-A806，二期 TICA-Q23）和蒸汽流量（一期 FIC-A833，二期 FIC-Q233）控制器为串级控制，调控（一期 TV-A806，二期 FV-Q233）保证再生塔温度稳定，当 TT-A806（二期 TT-Q205）在正常范围时，TV-A806（二期 FV-Q233）受 FIC-A838（二期 FIC-Q233）调控，当 TT-A806（二期 TT-Q205）超出正常范围时，TV-A806（二期 FV-Q233）受 TIC-A806（二期 TICA-Q205）调控。

（6）再生塔塔中部液位控制

① 一期脱碳　再生塔塔中部液位（LT-A805）和进吸收塔半贫液流量（FT-A714）属于选择控制。正常情况下，半贫液的流量用

FV-A714控制，流量稳定也就保证了塔中部液位的稳定。如果 LT-A805 检测到液位过低时，用 FV-A714 控制塔液位，从而保证了塔中部液位的稳定。

再生塔塔底液位（LT-A807）和进塔贫液流量（FT-A731）属于选择控制。正常情况下，贫液的流量用 FV-A713 控制，流量稳定也就保证了塔底部液位的稳定。如果 LT-A807 检测到液位过低时，用 FV-A713控制塔液位，从而保证了塔底部液位的稳定。

② 二期脱碳 再生塔塔中部液位（LT-Q204）和进再生塔下部的再生为贫液的半贫液流量（FV-Q162）属于选择控制。FIC-Q162 由流量与设定的流量对比计算后给 FIC-Q162 一个输出开度值 OP1，LT-Q204与设定点比较计算后给 LICA-Q204 一个输出开度值 OP2，OP1 与 OP2 比较后取较大的值后给 FV-Q162 输出命令，在 FIC-Q162 和 LICA-Q204 共同作用下保证了塔中部液位的稳定。

再生塔塔底液位（LT-Q206）由进塔贫液流量（LIC-Q206/1）和回流罐补水（LICA-Q206/2）共同作用下使塔底液位维持在一定值，属于选择控制。FIT-Q146 探测值与设定值比较后给到 FV-Q146 使流量稳定，当液位降到液位（LIC-Q206/1）的设点以下时，FV-Q146 由液位（LT-Q206/1）控制。另外，吸收塔下段的液位还由 LICA-Q206/2 控制，通过控制 CO_2 分液罐补水阀 FV-Q225 来控制，使其维持在 LICA-Q206/2 的设点，同时 FV-Q225 由 FIC-Q225 和 LICA-Q206/2 各输出一个 OP 值，OP1 与 OP2 比较取最大值输给 FV-Q225。因此，LICA-Q206/2 的设点要设得比 LICA-Q206/1 的设点大。以上都是自动条件下的逻辑，手动控制时阀开度不随逻辑控制，只受输出值控制。

（7）闪蒸塔压力控制

压力控制由 PICA-A867（二期 PICA-Q216）设定，定压值在确保克服去再生塔液柱和再生塔压力的情况下应尽量低。压力变送器（一期 PT-A867，二期 PT-Q216）检测塔压，用 PV-A867（二期 PV-Q216）来调节塔压稳定。

（8）闪蒸塔液位控制

闪蒸塔液位控制属于简单控制中的模拟量控制。液位控制通过

LV-A861（二期 LV-Q216）实现，正常设定值为 3000mm。

（9）CO_2 分液罐的液位控制

① 一期脱碳　正常情况下，CO_2 分液罐的液位用回流泵进再生塔的液位控制阀 LV-A807 来控制，LIC-A833/1 设定为：当 CO_2 分液罐液位过低时，调节脱盐水的流量进行调节，用 LV-A833 来控制。

② 二期脱碳　LT-Q217 由 LICA-Q217 通过 LV-Q217 控制，设点为 800mm。

（10）净化气分液罐的液位控制

净化气分液罐液位控制为简单控制中的开关量控制，用 LV-A723（二期 LV-Q118）控制，当液位达到 800mm 时，LV-A723（二期 LV-Q118）打开，当液位达到 200mm 时，LV-A723（二期 LV-Q118）关闭。

（11）排放 CO_2 气体的纯度控制

正常时 CO_2 气体纯度可达到 99.7％，但如果操作不当会引起 CO_2 纯度的下降。闪蒸塔操作不当时，带进再生塔的富液天然气含量增加，会引起 CO_2 纯度的下降（含天然气），操作时必须保证闪蒸塔的正常操作压力和操作液位。再生塔操作不当时，会出现泛塔现象，CO_2 中会含有 MDEA 溶液，操作时必须控制好再生塔的正常操作压力、操作温度和操作液位，防止泛塔。

（12）CO_2 回流罐补充水的 Cl^- 含量的控制

一般推荐的脱盐水中氯离子含量为 $1×10^{-6}～2×10^{-6}$（质量分数），氯离子会造成不锈钢的坑蚀和应力腐蚀脆裂，也能破坏碳钢设备的表层保护膜。推荐的氯离子含量在 $200×10^{-6}$ 以下（质量分数），当氯离子含量超过 $500×10^{-6}$（质量分数）时就要对系统溶液进行去氯离子的处理。工艺补充水由大化提供，需定期对水质进行化验。

（13）防止 MDEA 溶液出现发泡的控制

设计中 MDEA 溶液循环使用，每年的补充量为 16t。但如果操作不当，会引起 MDEA 溶液的发泡甚至污染。若要保证烃露点装置的正常运转，需要控制进装置天然气中的重烃含量。当进装置天然气中含有重烃时，会引起 MDEA 溶液的发泡甚至污染；应保证进塔再生气中不含重烃；流程中设计有消泡剂注入流程，选择合适的消泡剂并进行随机的化验，实现消泡剂真正的消泡功能；有效地控制好吸收塔、再生塔和闪蒸塔的液位，严防出现泛塔现象而导致天然气中携带大量的 MDEA，从而导致 MDEA 溶液的损失；每年从系统中取 MDEA 溶液样品送有关单位进行化验，掌握 MDEA 溶液的各项指标特性是否符合要求。

（14）闪蒸气组分的控制

设计中考虑了闪蒸气的回收利用，闪蒸气 CO_2 的含量为 45.48%，此部分气与脱完 CO_2 的部分高压气混合后作为锅炉的燃料气。但如果闪蒸塔操作不当，特别是塔操作压力过低时，会导致闪蒸气中 CO_2 含量升高，引起蒸汽锅炉的停炉。因此，操作时必须控制好闪蒸塔的正常操作压力、操作液位。

（15）水、电消耗指标的控制

脱碳装置的特点是能耗高，但可以采取有效的措施控制水、电的消耗。根据装置出口天然气含量有效地调整各种参数，可以节省水、电的消耗。MDEA 工艺可以使装置出口天然气 CO_2 含量达到 0.1%，而外输天然气出口 CO_2 含量达到 1.5% 时即可。另外，此装置的用户某电厂是调峰电厂，装置的处理气量有所波动，根据进装置气量变化、出口天然气 CO_2 含量及时调节半贫液和贫液的排量，可以节省装置的电耗。设计中考虑了富液的压力能回收，流程中有 1 台进口的水力透平半贫液泵，另一台半贫液泵是电机驱动，功率为 1000kW，保证水力透平泵的正常运转是保证电耗指标的关键。流程中有多个大型的水冷换热器，根据介质的出口温度调整循环水的用量，可以节省循环水的补充量。锅炉系统中设计有冷凝水回收系统，保证系统的正常运转，可以大量节省锅炉供给水的消耗。操作中应控制好各容器的正常操作液位，防止介质相串，增加不必要的排污量。

（16）装置操作的关键因素

① 上游流程工作正常，尤其是丙烷制冷系统工作正常，使进装置天然气不带重烃。

② 辅助系统工作正常，提供正常的循环水、配电、脱盐水、蒸汽。

③ 动设备运转正常，包括半贫液泵、贫液泵、溶液泵、回流泵等。

④ 塔操作正常，严禁出现泛塔现象。

⑤ 换热器工作正常。

⑥ 化验 MDEA 溶液的各项指标。

3.6.2 乐东主要参数控制方式

（1）吸收塔液位控制

吸收塔液位是由其塔底出口的液位控制阀来控制的。塔液位过高，会引起泛塔现象，破坏塔的正常操作，大量的 MDEA 溶液会从塔顶被天然气带走，引起 MDEA 溶液的损失。塔液位过低时，吸收效果会降低，同时塔底富液的压力能无法正常回收，影响半贫液透平泵的正常操作，带来电耗的增加。因此，控制好正常的塔液位是系统操作的关键。通过 LICA-A708A/B 保证塔底液位稳定，正常操作时透平端处理流量 $560m^3/h$，回收能量，剩余流量由 LV-LA708/1 调节，当液力透平泵故障时由旁路调节阀 LV-LA708/2 调节。为保护下游设备，防止液位过低，高压气进入低压系统，吸收塔底设有低低液位联锁关断。

（2）吸收塔压力和温度控制

吸收塔的正常操作压力为 3.2MPa，控制好塔压是保证吸收效果的关键因素之一。天然气处理流程中在非脱碳部分段塞流捕集器出口进行了有效的压力控制，保证系统压力的稳定。在脱碳装置进口设置了压力高高开关保护，保证系统压力不超高。吸收塔的操作温度是由进塔天然气（包括再生气）的温度和 MDEA 溶液的温度所决定的。塔温低对塔吸收有利，操作时需有效地控制好丙烷制冷温度、蒸汽锅炉的出炉压力才能保证进塔物料的正常温度。

（3）吸收塔半贫液流量和贫液的流量控制

进吸收塔的半贫液和贫液的流量分别由其各自的流量控制阀来控制。如果进塔半贫液与贫液流量比增大，在其他参数一定的情况下，天然气出口 CO_2 含量会增大；如果进塔半贫液与贫液流量比减小，在其他参数一定的情况下，天然气出口 CO_2 含量会减小。根据天然气出口 CO_2 含量的变化来调节半贫液和贫液的流量比，不仅可以将外输天然气中 CO_2 含量控制在 1.5%，而且可以减少泵的电耗，节省操作费用。

FICA-LA746 控制器为选择控制，当再生塔底部液位（LT-LA807）

在正常范围时，FV-LA746 受 FIC-A746 调控。当 LT-LA807 液位超低时，FV-A746 受 LIC-LA807 控制。

（4）再生塔操作压力控制

再生塔操作压力正常为 0.04MPa，由 CO_2 分液罐 CO_2 出口的压力控制阀来控制。如果上 CO_2 利用装置，不能影响塔的正常操作压力。再生塔压力越低，对再生越有利。调控 PV-LA832 保证再生塔的压力稳定，压力高会影响再生效果，压力低使能耗增加。

（5）再生塔操作温度控制

温度（TICA-LA806）和蒸汽流量（FIC-LA830）控制器为串级控制，调控 FV-LA830 保证再生塔温度稳定，当 TT-LA806 在正常范围时，TV-LA806 受 FIC-LA830 调控，当 TT-LA806 超出正常范围时，TV-LA806 受 TICA-LA806 调控。

（6）再生塔塔中部液位和塔底液位控制

再生塔塔中部液位（LT-LA805）和进再生塔半贫液流量（FIT-LA784）属于选择控制。正常情况下，半贫液的流量用 FV-LA784 控制，流量稳定也就保证了塔中部液位的稳定。当 LT-LA805 检测到液位过低时，用 FV-LA784 控制塔液位，从而保证了塔中部液位的稳定。

再生塔塔底液位（LT-LA807）和进塔贫液流量（FT-LA746）属于选择控制。正常情况下，贫液的流量用 FV-LA746 控制，流量稳定也就保证了塔底部液位的稳定。当 LT-LA807 检测到液位过低时，用 FV-LA746 控制塔液位，从而保证了塔底部液位的稳定。

（7）闪蒸塔压力控制

压力控制由 PIC-LA876 设定，定压值在确保克服再生塔液柱的情况下应尽量低，用压力变送器 PT-LA876 检测塔压，用 PV-A876 来调节塔压稳定。

（8）闪蒸塔液位控制

闪蒸塔液位控制属于简单控制中的模拟量控制，液位控制通过 LV-LA861 实现，正常设定值为 3000mm。

（9）CO_2 分液罐的液位控制

正常情况下 CO_2 分液罐的液位用回流泵进再生塔的液位控制阀

LV-LA807来控制，LIC-LA833/1设定为当CO_2液位过低时，调节脱盐水的流量进行调节，用LV-LA833来控制。

（10）净化气分液罐的液位控制

净化气液位控制为简单控制中的开关量控制，用LV-LA718控制，当液位达到1000mm时，LV-LA718打开，当液位达到400mm时，LV-LA718关闭。

3.7 系统操作注意事项

① 正常操作时吸收塔底液流经液力透平泵（一期P-A724，二期P-Q104）回收部分压力能，能量不足部分由电机补充。当透平部分故障时，电机自动满负荷运行。当一期P-A724（二期P-Q104）检修时，需启动备用半贫液泵（一期P-A725，二期P-Q105），尽量保证一期P-A724（二期P-Q104）的正常运转。

② 颗粒和活性炭过滤器的操作：控制好旁滤流量，正常操作时旁滤流量为15～30m³/h。注意过滤器压差，颗粒过滤器正常压差在0.02～0.05MPa，活性炭过滤器正常压差在0.05～0.1MPa，五联过滤器压差小于0.25MPa。经常排活性炭过滤器、颗粒过滤器和五联过滤器中积存上部空间的气体，避免窜到半贫液泵进口而造成泵的气蚀。

③ 吸收塔气体进口严禁带油、带烃，在过滤分离单元天然气分离器液位自动调节器投用前，必须定期观察天然气分离器液的液位，及时排放。

④ 定期对净化气分离器进行排液，以免由于液位过高使游离水进入脱水单元。

⑤ 必须维持再生塔液位，满足泵最小吸入高度要求。

⑥ 吸收塔的贫液和半贫液流量要合适，流量太大时能耗高，流量太小时脱碳效果差。

⑦ 严格监控出口气体 CO_2 含量，及时调整溶液循环量和再生温度。

⑧ 正常操作时，需要定期检测溶液浓度，贫液的浓度控制在 (40±5)%（质量分数）。

⑨ 定期分析溶液再生浓度；保持系统水量平衡，保证脱盐水水质，当 CO_2 分液罐出口冷凝水中 Cl^- 含量超过 100 mg/kg 时需向污水池排污，重新补充脱盐水；检查塔压差，压差较大（30kPa）时需要加大消泡剂注入量，必要时减少处理气量以防止液泛；溶液定期进行泡沫试验，检查并记录消泡剂的加入量；注意各流量、温度、压力、液位等的变化情况，减少波动，使生产平稳运行。

3.8 系统启动

3.8.1 启动前的准备程序

① 容器检查：容器在最后上人孔盖板或装入活性炭之前，必须检查设备内部是否清洁，内件是否齐全，安装是否正确，包括气体分配管的位置与加工情况，以及液位计的浮子量程或外置浮子室的接头等。

② 按设计条件校核所有仪表、接管、标记及量程。调节阀门要经过试验，看其对所控制的参数能否正确反应，以及仪表空气出现故障时能否正确开闭。报警系统和自动安全联锁系统也要经过试验，在设备试车时还要尽可能多地校核各种仪表。

③ 根据流程图和设备图，校核现场安装的正确性。

④ 检查装置内所有消防设施、可燃性气体检测仪、安全阀等是否完好地处于备用状态。

⑤ 确认电力系统能投入使用，检查所有电动机的旋转方向并保证其正确无误。

⑥ 确认大化能送入合格的脱盐水。

⑦ 向溶液过滤器装填活性炭。

⑧ 对 0.6MPa 蒸汽系统进行吹扫，可能需要拆除一些阀门以满足吹扫所需要的开孔。在吹扫阶段，不要把出口关小，以免影响最大气速。吹扫每个系统的支线时，如果有必要可开孔或把管线拆开，以求获得最好的清洁效果。

⑨ 在吹扫的准备工作中，任何蒸汽系统进行"暖机"时，都要非常缓慢地进行，以防止产生水锤现象，这会引起设备的严重损坏。蒸汽系统吹扫干净以后，要将蒸汽总管的所有疏水器投入使用，以保证这些总管都是热的，而且没有冷凝水。去各个设备的所有支管，在准备投入使用以前都应当关闭。

⑩ 应当经常检查所有蒸汽管线的膨胀情况。

⑪ 当蒸汽系统的清洁度达到要求后，把拆除的设备重新装上。

⑫ 在蒸汽系统已经吹扫干净，而且根据需要系统已经卸压，安装了全部孔板和流量元件后，0.6MPa 蒸汽系统就可以重新充压，并与蒸汽进口管线接通。

⑬ 检查系统内所有设备和管道上的低点排放阀和高点排气阀是否处于关闭状态，检查安全阀、根部阀是否处于开启状态。

⑭ 确认装置所需的天然气、冷却水、蒸汽、仪表风、氮气、脱盐水具备稳定供应条件。

⑮ 上述各准备程序应当同时进行，使装置实际的开车工作得以协调而且迅速地取得进展。这些准备工作都完成了之后，就可按下面的程序进行开工。

3.8.2 系统清洗

系统在初投产或大修后应进行系统清洗。

（1）清理及水洗

清理及水洗的目的是除去粗的尘垢及油脂。

① 用新鲜水或生活用水冲洗设备、管线、换热器，如条件许可，可拆开吸收/闪蒸/再生塔进行清洗，清洗里面的填料。

② 机械清除容器底部肉眼可见的固体杂质。

③ 在泵入口设过滤器，向地下槽加入脱盐水和新鲜水，把整个系统循环起来，循环清洗到每一个设备，采取一边加水一边排放的方式，至排出水干净为止，并排尽清洗水，清洗过滤器。

④ 系统充水循环：关闭吸收塔（T-A723）和闪蒸塔（T-A843）气体出口阀门，向吸收塔（T-A723）充入 N_2 至 1.5MPa 左右，同时向闪蒸塔 T-A843 充压至 0.8MPa。打开 PM-A777 管道去再生塔 T-A834 的阀门，启动地下槽 V-A838 泵，打开出口阀向再生塔 T-A834 上部充入脱盐水至 80％液位，按泵的操作规程启动半贫液泵 P-A724/725，待泵出口压力稳定后，打开泵出口阀向吸收塔 T-A723 充入脱盐水，在此过程中通过打开溶液储槽 TK-A842 下部出口阀不断向地下槽 V-A838 补水。当吸收塔 T-A723 液位达 60％后，打开吸收塔 T-A723 底部出口调节阀缓慢向闪蒸塔 T-A843 充水，启动吸收塔 T-A723 液位控制阀控制流量。当闪蒸塔 T-A843 液位达 60％时，打开闪蒸塔 T-A843 底部出口调节阀，缓慢向再生塔 T-A834 上部进水，启动闪蒸塔 T-A843 液位控制阀控制流量。启动溶液泵 P-A730A/B，待泵出口压力稳定后，打开泵出口阀向再生塔 T-A834 下部充入脱盐水。当吸收塔 T-A723 液位达 60％后启动贫液泵 P-A729A/B，待泵出口压力稳定后，打开泵出口阀向吸收塔 T-A723 上部充入脱盐水。此过程应密切注意溶液储槽 TK-A842 液位、吸收塔 T-A723 液位、再生塔 T-A834 中部液位、再生塔 T-A834 下部液位及闪蒸塔 T-A843 液位，避免液位过低泵抽空。如果塔液位过低，可通过液位控制阀、贫液流量调节阀、半贫液流量调节阀的开度来调节流量，当各塔液位正常并稳定后，将各调节阀投入自控。逐渐将贫液流量和半贫液流量加大至正常工艺参数，当吸收塔 T-A723 液位、再生塔 T-A834 中部液位、再生塔 T-A834 下部液位、闪蒸塔 T-A843 液位稳定后，停地下槽 V-A838 泵 P-A839A/B 中运行泵。通过溶液储槽 TK-A842 的剩余液位，算出整个装置加水量，作为确定装置原始开车时加入及配制溶液量的依据。

⑤ 系统清洗，检漏及仪表调校：系统正常后，打开吸收塔 T-A723、闪蒸塔 T-A843、再生塔 T-A834 中部及再生塔 T-A834 底部排污阀排污，同时启动地下槽 V-A838 泵 P-A839A/B 向系统补充脱盐

水，打开 TW-A815 管道阀向地下槽 V-A838 补充脱盐水。当吸收塔 T-A723、闪蒸塔 T-A843、再生塔 T-A834 中部及再生塔 T-A834 底部排污阀排出的水很清洁（无肉眼可见固体物质）时，关吸收塔 T-A723、闪蒸塔 T-A843、再生塔 T-A834 中部及再生塔 T-A834 底部排污阀，停止排污及向系统和地下槽 V-A838 补充脱盐水，停止地下槽 V-A838 泵 P-A839A/B。打开净化气冷却器 E-A726、贫液冷却器 E-A727、二氧化碳冷却器 E-A836 的循环水进出口阀，打开 SR-A758 管道上疏水器前低排阀，打开再生塔 T-A834 温度控制器前后阀，微开 TV-A806、蒸汽暖管至再沸器 E-A833 进口闸阀、管道充分暖管后，打开再沸器 E-A833 前后闸阀，以 30～50℃/h 的速度对再生塔 T-A834 脱盐水升温，开始的蒸汽凝液较脏，就地排放，待冷凝液清洁后开疏水器前后阀，关低排阀，冷凝液送蒸汽冷凝总管。逐渐打开 TV-A806，当 TI-A806 温度为 90～92℃ 时打开再生塔 T-A834 底部排污阀，同时加大溶液泵 P-A730A/B出口流量。当 TI-A806 温度为 0～92℃ 后，每隔 2h 对循环液取样分析一次，分析循环液中 Fe^{3+} 浓度及总固体粒子量，当 $Fe^{3+} \leqslant$ 10mg/L，总固体粒子 $\leqslant$ 50 mg/kg 时，结束联动试车。在系统加热清洗过程中，对不正常的仪表通知仪表人员调校，发现的漏点及时通知维修人员处理，试车时不能处理的应作好记录，待联动试车结束停车后处理。

（2）3％碳酸钾溶液清洗

3％碳酸钾溶液清洗的目的是清除油类和脂类。

① 内件、填料装入系统前应除油。

② 用脱盐水和低氯碳酸钾制备冲洗液。

a. 碱液中 K_2CO_3 的量由下式计算：

$$W = 1000 c_1 V_测 / [(1 - c_1) c_2] \tag{3-6}$$

式中　W——系统需投入 K_2CO_3 的量，kg；

　　　$V_测$——联动试车时所确认的溶液量，m^3；

　　　c_1——碱洗时所需的碱液浓度（质量分数），％；

　　　c_2——K_2CO_3产品纯度（质量分数），％。

b. 依据式（3-6）计算配制 3％$V_测$ 体积的 K_2CO_3 溶液所需固体

K_2CO_3 的量，并运到现场。

c. 将所需的 $V_测$ 体积的溶液均分为数次配制，同时将 K_2CO_3 也同等均分，依据均分的体积数量，算出地下槽 V-A838 充脱盐水的液位高度，并标志在地下槽 V-A838 上，向地下槽 V-A838 充脱盐水至标志位置，将 K_2CO_3 倒入地下槽 V-A838 中，用木棒或不锈钢管搅拌至完全溶解，启动地下槽 V-A838 泵 P-A839A/B，将溶液全部打入溶液储槽 TK-A842 中。

（3）系统碱洗

系统碱洗在 70℃ 条件下进行，洗涤液在系统中循环 8h。

① 关闭吸收塔 T-A723 和闪蒸塔 T-A843 气体出口阀门，向吸收塔 T-A723 充入 N_2 至 1.5MPa 左右，同时向闪蒸塔 T-A843 充压至 0.8MPa。

② 打开 PM-A777 管道去再生塔 T-A834 的阀门，启动地下槽 V-A838 泵，打开出口阀向再生塔 T-A834 上部充入碱液至 80% 液位，按泵的操作规程启动半贫液泵 P-A724/725，待泵出口压力稳定后，打开泵出口阀向吸收塔 T-A723 充入碱液，在此过程中通过打开溶液储槽 TK-A842 下部出口阀不断向地下槽 V-A838 补碱液。

③ 当吸收塔 T-A723 液位达 60% 后，打开吸收塔 T-A723 底部出口调节阀，缓慢向闪蒸塔 T-A843 充碱液，启动吸收塔 T-A723 液位控制阀控制流量。打开闪蒸塔 T-A843 底部出口调节阀，缓慢向再生塔 T-A834 上部进碱液，启动闪蒸塔 T-A843 液位控制阀控制流量。

④ 启动溶液泵 P-A730A/B，待泵出口压力稳定后，打开泵出口阀向再生塔 T-A834 下部充入碱液。当吸收塔 T-A723 液位达 60% 后启动贫液泵 P-A729A/B，待泵出口压力稳定后，打开泵出口阀向吸收塔 T-A723 上部充入碱液。

⑤ 此过程应密切注意溶液储槽 TK-A842 液位、吸收塔 T-A723 液位、再生塔 T-A834 中部液位、再生塔 T-A834 下部液位及闪蒸塔 T-A843 液位，避免液位过低泵抽空。如果塔液位过低，可通过液位控制阀、贫液流量调节阀、半贫液流量调节阀的开度来调节流量，当各塔液位正常并稳定后，将各调节阀投入自控。

⑥ 系统正常后，打开吸收塔 T-A723、闪蒸塔 T-A843、再生塔

T-A834中部及再生塔 T-A834 底部排污阀排污，同时启动地下槽 V-A838泵 P-A839A/B 向系统补充碱液，打开 TW-A815 管道阀向地下槽 V-A838 补充碱液。

⑦ 打开净化气冷却器 E-A726、贫液冷却器 E-A727、二氧化碳冷却器 E-A836 的循环水进出口阀。

⑧ 打开 SR-A758 管道上疏水器前低排阀，打开再生塔 T-A834 温度控制器前后阀，微开 TV-A806、蒸汽暖管至再沸器 E-A833 进口闸阀、管道充分暖管后，打开再沸器 E-A833 调节阀的前后闸阀，以 20～30℃/h 的速度对再生塔 T-A834 脱盐水升温，开始的蒸汽凝液较脏，就地排放，待冷凝液清洁后开疏水器前后阀，关低排阀，冷凝液送蒸汽冷凝总管。

⑨ 当循环清洗液温度升至 70～72℃时，以温度升至 70℃算起，循环清洗 8h 后，停再沸器 E-A833 加热蒸汽并停止碱液循环。

（4）排液，停止碱洗

通过连续稀释和停车放液两种方式排液，停止碱洗。

① 停再沸器 E-A833 加热蒸汽，全关再生塔 T-A834 塔底温度控制器阀，关其前后阀，开低排阀，关再沸器 E-A833 进口闸阀，开其放空阀放空。

② 停贫液泵 P-A729A/B、半贫液泵 1P-A724、半贫液泵 2P-A725、溶液泵 P-A730A/B、地下槽 V-A838 泵 PA-839A/B、回流液泵 P-A835A/B，关闭泵进出口阀，同时关 PW-A818 管道阀门，停止向地下槽 V-A838 补充碱液。

③ 关闭净化气冷却器 E-A726、贫液冷却器 E-A727、二氧化碳冷却器 E-A836 的循环水进出口阀。

④ 通知污水场准备排碱液，开吸收塔 T-A723、闪蒸塔 T-A843、再生塔 T-A834 中部及再生塔 T-A834 底部排污阀，各管道排液阀，溶液储槽 TK-A842 的下部排放阀，将系统中碱液排净，关闭上述各阀，检查并清洗所有管道过滤器。

（5）一次水洗

一次水洗用 70℃的脱盐水冲洗系统，冲洗液在系统循环冲洗 8h，目的是将碳酸钾溶液清洗干净。操作过程中启动机械过滤器，一次水洗步骤如下：

① 关闭吸收塔 T-A723 和闪蒸塔 T-A843 气体出口阀门，向吸收塔 T-A723 充入 N_2 至 1.5MPa 左右，同时向闪蒸塔 T-A843 充压至 0.8MPa。

② 打开 PM-A777 管道去再生塔 T-A834 的阀门，启动地下槽 V-A838 泵，打开出口阀向再生塔 T-A834 上部充入脱盐水至 80％液位，按泵的操作规程启动半贫液泵 P-A724/725，待泵出口压力稳定后，打开泵出口阀向吸收塔 T-A723 充入脱盐水，在此过程中通过打开溶液储槽 TK-A842 下部出口阀不断向地下槽 V-A838 补水。

③ 当吸收塔 T-A723 液位达 60％后，打开吸收塔 T-A723 底部出口调节阀缓慢向闪蒸塔 T-A843 充水，启动吸收塔 T-A723 液位控制阀控制流量。

④ 当闪蒸塔 T-A843 液位达 60％时，打开闪蒸塔 T-A843 底部出口调节阀，缓慢向再生塔 T-A834 上部进水，启动闪蒸塔 T-A843 液位控制阀控制流量。

⑤ 启动溶液泵 P-A730A/B，待泵出口压力稳定后，打开泵出口阀向再生塔 T-A834 下部充入脱盐水。当吸收塔 T-A723 液位达 60％后启动贫液泵 P-A729A/B，待泵出口压力稳定后，打开泵出口阀向吸收塔 T-A723 上部充入脱盐水。

⑥ 此过程应密切注意溶液储槽 TK-A842 液位、吸收塔 T-A723 液位、再生塔 T-A834 中部液位、再生塔 T-A834 下部液位、闪蒸塔 T-A843 液位，避免液位过低泵抽空。如果塔液位过低，可通过液位控制阀、贫液流量调节阀、半贫液流量调节阀的开度来调节流量，当各塔液位正常并稳定后，将各调节阀投入自控。

⑦ 打开吸收塔 T-A723、闪蒸塔 T-A843、再生塔 T-A834 中部及再生塔 T-A834 底部排污阀间断排污，同时启动地下槽 V-A838 泵 P-A839A/B 向系统补充脱盐水，打开 TW-A815 管道阀向地下槽 V-A838 补充脱盐水。

⑧ 打开颗粒过滤器和活性炭过滤器进出口阀及低排阀，将颗粒过滤器和活性炭过滤器投入运行。

⑨ 打开 SR-A758 管道上疏水器前低排阀，打开再生塔 T-A834 温度控制器前后阀，微开 TV-A806，蒸汽暖管至再沸器 E-A833 进口闸阀、管道充分暖管后，打开再沸器 E-A833 前后闸阀，以 $30\sim50℃/h$ 的速度对再生塔 T-A834 脱盐水升温，开始的蒸汽凝液较脏，就地排放，待冷凝液清洁后开疏水器前后阀，关低排阀，冷凝液送蒸汽冷凝总管。

⑩ 当循环清洗液温度升至 $70\sim72℃$ 时，以温度升至 $70℃$ 算起，循环清洗 8h 后，停再沸器 E-A833 加热蒸汽并停止清洗液循环。

停止水洗程序如下：

a. 停再沸器 E-A833 加热蒸汽，全关再生塔 T-A834 塔底温度控制器阀位，关其前后阀，开低排阀，关再沸器 E-A833 进口闸阀，开其放空阀放空。

b. 停贫液泵 P-A729A/B、半贫液泵 1P-A724、半贫液泵 2P-A725、溶液泵 P-A730A/B、地下槽 V-A838 泵 PA-839A/B、回流液泵 P-A835A/B，关闭泵进出口阀，同时关 PW-A818 管道阀门，停止向地下槽 V-A838 补充脱盐水。

c. 关闭净化气冷却器 E-A726、贫液冷却器 E-A727、二氧化碳冷却器 E-A836 的循环水进出口阀。

d. 打开吸收塔 T-A723、闪蒸塔 T-A843、再生塔 T-A834 中部及再生塔 T-A834 底部排污阀，各管道排液阀，溶液储槽 TK-A842 的下部排放阀，将系统中清洗液排净，关闭上述各阀。

e. 检查并清洗所有管道过滤器。

（6）二次水洗

二次水洗是用常温脱盐水在系统中循环 8h，目的是将碳酸钾完全清洗干净，要求清洗水中的总固体含量小于 100×10^{-6}（质量分数）。二次水洗方法同第一次水洗，但应当采取连续补水和排放直至将碳酸钾溶液清洗干净，分析水中的总固体含量 $<100\times10^{-6}$（质量分数）、泡高 $\leqslant300mL$、消泡时间 $\leqslant20s$ 才算合格（以脱盐水作空白，洗至洗水水质与脱盐水相近为止），停止清洗液循环，放尽系统水并加 N_2 保护。

3.8.3 MDEA 溶液灌装

系统首次充装 MDEA 溶液 420t，将含水 60% 的 MDEA 溶液加入地下槽（V-A838），开启地下槽泵（P-A839）出口至溶液储罐（TK-A842）的阀门，当溶液储罐的液位 LG-A841 大于 8600mm 时，停地下槽泵，并向溶液储罐充氮气进行保护，充氮气压力维持在 $\leqslant$ 300mm H_2O（1mmH_2O＝9.80665Pa，下同），以防 MDEA 溶液与空气接触发生降解。

系统脱碳溶液的配制如下。

① 溶液配制计算公式：

$$W = 1000V_{测}W_1/W_2 \qquad (3-7)$$

式中　W——所需投入的 MDEA、活化剂及缓蚀剂的量，kg；

　　　$V_{测}$——联动试车时所确定的溶液体积，m^3；

　　　W_1——装置正常运转时 MDEA、活化剂及缓蚀剂浓度（质量分数），%；

　　　W_2——MDEA、活化剂及缓蚀剂的纯度（质量分数），%。

② 根据计算结果将 MDEA、活化剂及缓蚀剂、脱盐水均分为数份，算出脱盐水在地下槽 V-A838 中液位高度，并在地下槽 V-A838 作好标记。

③ 开 TW-A815 管道阀向地下槽 V-A838 中充入至标记位置，向地下槽 V-A838 中加入均分的 MDEA、活化剂及缓蚀剂，并用木棒或不锈钢管搅拌，混合均匀，并启动地下槽 V-A838 泵 P-A839A/B 将溶液打入溶液储槽 TK-A842 中。

④ 按③的方法配制余下溶液，最后一槽留下备用。

⑤ 溶液配制好后打开 NG-B806 管的阀门，向溶液储槽 TK-A842 充入 N_2 保护，保持微 N_2 正压。

⑥ 取样分析 MDEA、活化剂及缓蚀剂浓度，确定是否需加入脱盐水，MDEA、活化剂及缓蚀剂补加量由下式计算。

$$W_{补} = W_1(c_1 - c_2)/c \qquad (3-8)$$

式中　$W_{补}$——需补加的 MDEA、活化剂及缓蚀剂量，kg；

W_1——系统溶液藏量，kg；

c_1——溶液中 MDEA、活化剂及缓蚀剂浓度（质量分数），%；

c_2——要求的溶液浓度（质量分数），%；

c——产品 MDEA、活化剂及缓蚀剂的纯度（质量分数），%。

3.8.4 系统置换

系统置换分吸收系统和再生系统两个系统。

（1）吸收系统置换

打开 SDV-A704 后 N_2 管线上的阀门，向吸收塔送氮气，将吸收塔压力充至 $0.3\sim0.5$MPa（G），打开出净化气分液罐管线至高压放空管线上的阀门进行排放，连续进行 $3\sim5$ 次，并取样分析排放气体的氧含量，当氧含量$\leqslant0.3\%$（体积分数）时，吸收系统置换合格。关闭吸收塔液位 LV-A715 1/2 及前、后截止阀。

（2）再生系统置换

打开 LV-A715 1/2 及前、后截止阀，向再生塔送氮气，将再生塔压力充至 0.2MPa（G），打开出 CO_2 分液罐管线至 CO_2 放空筒管线上的阀门进行排放，连续进行 $3\sim5$ 次，并取样分析排放气体的氧含量，当氧含量$\leqslant0.3\%$（体积分数）时，再生系统置换合格。

3.8.5 建立冷却水系统循环

开启净化气冷却器（E-A726）、贫液冷却器（E-A727）、CO_2 冷却器（E-A836）、闪蒸气冷却器（E-A845）冷却水进、出口阀门及排气阀，送冷却水入各冷却器，关闭各冷却器上的排气阀，使冷却水系统循环稳定运行。

3.8.6 系统充液

启动地下槽泵（P-A839），开启地下槽泵至再生塔（T-A834）管线上的阀门，向再生塔充 MDEA 溶液，当液位（LICA-A807）达到 80% 时开启贫液泵（P-A729）出口管线调节阀及前、后截止阀，按正常开泵步骤启动一台贫液泵，缓慢开启贫液泵出口阀向吸收塔充液。当吸收塔的液位达到约80％时，关闭贫液泵出口阀，停贫液泵。在向吸收塔充液期间，观察液位 LICA-A807 下降至40％时，应停泵补液，防止贫液泵出现抽空现象。

缓慢打开 SDV-A704 旁通阀门，向吸收塔送天然气，将吸收塔的压力充至约0.8MPa（G），打开 LV-A715/1 及前、后截止阀向闪蒸塔充液，当液位（LICA-A861）达到80％时稍稍开启塔底出口管线调节阀及前、后截止阀向再生塔闪蒸段充液，当液位（LICA-A805）达到80％时关闭吸收塔液位调节阀。

3.8.7　建立 MDEA 溶液的循环运行

① 在建立再生塔闪蒸段液位时，当吸收塔液位下降时，应按系统充液程序及时调整吸收塔、闪蒸塔、再生塔的液位，将液位控制在50％～60％之间。

② 启动半贫液泵出口管线 16in-PM-A716-B2-P 上的调节阀及前、后截止阀，启动半贫液泵 P-A725，缓慢开启 P-A725 出口阀门，手动调节 FIC-A714，控制半贫液的循环量及回流量，使 MDEA 溶液在系统内循环。

③ 当再生塔闪蒸段液位在50％～60％时，缓慢开启溶液循环泵 P-A730，将 MDEA 溶液经溶液换热器送至再生塔汽提段。通过 P-A730 旁路调节阀 LV-A805 手动调节再生塔闪蒸段液位，将再生塔闪蒸段液位设定至60％之后改自控。

④ 当再生塔汽提段液位在50％～60％时，启动一台贫液泵，缓慢开启贫液泵出口阀，手动调节 FIC-A731，控制贫液的循环量及回流量，使 MDEA 溶液在系统内循环。

⑤ 给再生塔送蒸汽，开启蒸汽冷凝液管线上疏水器的前、后截止阀，开温度调节阀 TV-A806 旁通和前、后截止阀，开蒸汽管线上疏水器的旁路阀，对蒸汽总管进行暖管，待蒸汽总管合格后，手动调节 TV-A806 向再沸器（E-A833）送蒸汽。

⑥ 手动调节 FIC-A714 和 FIC-A731 的流量，使 MDEA 循环量达到设定值，保持 MDEA 溶液在系统中稳定运行，系统温度、压力、流量、

液位调节自动控制，控制出再生塔的压力在 0.04MPa（G）。

⑦ 启动消泡剂泵（P-A841），向系统内加入 4～5L 消泡剂。

3.8.8 系统投运

① 溶液循环 1～2h 后导入天然气，缓慢打开 SDV-A704 旁通阀，向吸收塔引气至压力平衡，按 0.2MPa/min 升压速率，逐步将进吸收塔的压力升至 3.1MPa（G）。打开 SDV-A704 进行投料，同时关闭旁通阀，维持在投料试车负荷的 50％气量运行 0.5h，按 5％～10％的投料试车负荷逐渐增加进吸收塔的原料气量，直至投料试车负荷。根据净化气中的 CO_2 含量，手动调节进吸收塔的贫液、半贫液循环量，控制净化气指标为 $CO_2 \leqslant 1.5\%$。出口净化气 CO_2 含量合格前放空至火炬，合格后直接外输。

② 开启净化气分离器（V-A721）液位调节阀 LV-A723 的前、后调节阀，将调节阀 LV-A723 设定在 60％后投入自控。

③ 当 CO_2 分液罐（V-A837）液位（LIC-A807）达 60％时，按正常开泵步骤启动一台回流泵（P-A835）向再生塔闪蒸段送冷凝液，注意观察再生塔的液位（LT-A807）。当 CO_2 分液罐液位上升太快时，应及时加大回流泵排量，或打开 CO_2 分液罐进泵管线上的排污阀，降低 CO_2 分液罐液位，保持系统负荷稳定，防止系统出现液泛现象。

④ 取样分析 MDEA 溶液的泡沫活性及浓度，若泡沫高度≥300mL、消泡时间≥20s、贫液浓度≤46％，应向系统补加消泡剂和减少脱盐水补充量，一般情况下，该装置加入系统的消泡剂量为 300mL/d。

3.8.9 系统水量平衡

① 由于从吸收塔、闪蒸塔和再生塔顶部气体中带出部分水分，会造成塔液位降低，为维持系统的水平衡，必须向系统补入脱盐水或蒸汽冷凝液。

② 开启 LV-A833 及前、后截止阀，将 CO_2 分液罐的液位设定为 1000mm，手动调节 LICA-A833，稳定后投入自控，补水量约为 0.94m³/h。

③ 若系统 MDEA 溶液消耗，造成再生塔液位降低，可通过启动地

下槽泵（A-839）向再生塔底部补充 MDEA 溶液。

3.8.10　正常操作的常规检查

① 检查机泵和电机的温度及电流。

② 注意检查吸收塔和再生塔液位及塔压差的变化，严防发生液泛。

③ 每小时巡回检查一次，检查工艺指标是否在正常范围内，系统有无泄漏。

④ 检查吸收塔、闪蒸塔、再生塔、净化气分离器、闪蒸气分离器、CO_2 分液罐液位的现场指示与控制室二次表指示是否一致。

 3.9　系统关停

3.9.1　停车

① 接到停车指令后，准备停车。

② 逐渐关小相对应脱碳系统的粉尘过滤器出口阀，直至全关。

③ 如果是短期停车，则可维持系统中碱液自身循环，只需将循环液量调至约正常值的 60%，不停再沸器 E-A833 加热蒸汽及各冷却器冷却水，控制 CO_2 放空气量，维持整个系统的压力平衡。

④ 如果是长期停车，则应将溶液再生完全，并将溶液降至常温后，全部返回溶液储槽 TK-A842 中，并充 N_2 微正压保护，吸收塔 T-A723 和闪蒸塔 T-A843 内气体放空。其具体步骤如下：

a. 溶液再生完全后，停再沸器 E-A833 加热蒸汽，全关温度控制调节阀及前后阀；

b. 溶液降温至常温后，停贫液泵 P-A729A/B、半贫液泵 1P-A724、半贫液泵 2P-A725、溶液泵 P-A730A/B、地下槽 V-A838 泵 PA-839A/B、回流液泵 P-A835A/B 及消泡剂泵 P-A841 中运行机泵，关泵进出口阀；

c. 全关各冷却器循环水进出口阀；

d. 将系统溶液全部返回溶液储槽 TK-A842V103 中，充入 N_2 微正压保护；

e. 吸收塔 T-A723 和闪蒸塔 T-A843 内气体放空。

3.9.2 正常开停车

（1）短期停车后开车

由于短期停车后吸收塔 T-A723 和再生塔 T-A834 溶液维持在正常运行时的温度循环，因此只需调节半贫液和贫液的流量，打开原料气阀门向系统送入原料气即可，具体操作步骤如下：

① 进原料气，中控与外边操作工沟通，准备进原料气；

② 调节半贫液和贫液的流量，使负荷逐渐达到所需要求；

③ 分析合格并与下游联系后，打开粉尘过滤器出口阀，全关放空阀，向外送气。

（2）长期停车后开车

① 检查各机泵油位，盘车灵活，电气人员检查电机绝缘合格后送电。

② 对调节阀做行程检查。

③ 对液位仪表做液位高低限报警试验。

④ 投运各水冷却器循环水。

⑤ 打开系统相关阀门（泵进、出口阀，排液、排污阀不打开），使系统溶液循环环路畅通。

⑥ 用 N_2 置换吸收塔 T-A723 和闪蒸塔 T-A843 及相关设备，通过放空管放空，分析系统 O_2 含量合格后，向吸收塔 T-A723 充入 N_2 至 1.5MPa 左右，同时向闪蒸塔 T-A843 充压至 0.8MPa。

⑦ 打开 PM-A777 管道去再生塔 T-A834 的阀门，启动地下槽 V-A838 泵，打开出口阀向再生塔 T-A834 上部充入脱碳溶液至 80% 液位，按泵的操作规程启动半贫液泵 P-A724/725，待泵出口压力稳定后，打开泵出口阀向吸收塔 T-A723 充入脱碳溶液，在此过程中通过打开溶液储槽 TK-A842 下部出口阀不断向地下槽 V-A838 补脱碳溶液。

⑧ 当吸收塔 T-A723 液位达 60％后，打开吸收塔 T-A723 底部出口调节阀，缓慢向闪蒸塔 T-A843 充脱碳溶液，启动吸收塔 T-A723 液位控制阀控制流量。

⑨ 当闪蒸塔 T-A843 液位达 60％时，打开闪蒸塔 T-A843 底部出口调节阀缓慢向再生塔 T-A834 上部进脱碳溶液，启动闪蒸塔 T-A843 液位控制阀控制流量。

⑩ 开启溶液泵 P-A730A/B，待泵出口压力稳定后，打开泵出口阀向再生塔 T-A834 下部充入脱盐水。当吸收塔 T-A723 液位达 60％后启动贫液泵 P-A729A/B，待泵出口压力稳定后，打开泵出口阀向吸收塔 T-A723 上部充入脱碳溶液。

⑪ 过程中应密切注意溶液储槽 TK-A842 液位、吸收塔 T-A723 液位、再生塔 T-A834 中部液位、再生塔 T-A834 下部液位、闪蒸塔 T-A843液位，避免液位过低泵抽空。如果塔液位过低，可通过液位控制阀、贫液流量调节阀、半贫液流量调节阀的开度来调节流量，当各塔液位正常并稳定后，将各调节阀投入自控进行系统溶液循环。

⑫ 循环过程中打开颗粒过滤器和活性炭过滤器进、出口阀及低排阀，将颗粒过滤器和活性炭过滤器投入运行，按循环液量的 10％在线过滤。

⑬ 溶液系统建立循环稳定后进行溶液系统的升温：

a. 打开再生塔 T-A834 塔底温度控制回路前后阀，向再沸器 E-A833通入加热蒸汽，以（30～50）℃/h 的速率将贫液升温至 100～108℃，并将温度控制调节阀投入自控；

b. 当 CO_2 分离罐中有冷凝液显示时，启用回流液泵 P-A835A/B 将回流液打入再生塔 T-A834 顶部，开启回流液泵，确保系统水平衡；

c. 建立设计值 20％～30％的溶液循环量，然后向再沸器提供设计值 30％～40％的热负荷，并通过各冷却器使各点达到设计温度，逐渐将半贫液流量升至约 210m³/h，将半贫液流量控制回路投入自动，逐渐将贫液流量升至约 50m³/h，将半贫液流量控制回路投入自动；

d. 随着再生塔 T-A834 中贫液温度的升高，随时调整贫液冷却器的循环水量，使出贫液冷却器 E-102 的贫液温度≤40℃。

⑭ 系统进原料气：

a. 准备进原料气；

b. 逐渐打开粉尘过滤器出口阀，向吸收塔 T-A723 送气，引入 10%原料气使系统充压到设计值，按每 0.5～1h 增加 20%溶液循环量及热负荷，然后按 20%增加原料气，待系统稳定后观察吸收塔 T-A723 顶部净化气中 CO_2 含量。

⑮ 调节装置负荷，转入正常运行：

a. 待轻负荷生产稳定后，最后调整到 100%溶液循环量及热负荷，气量为 80%，检查系统起泡性，需要加入 300mL 消泡剂，测定溶液组分。

b. 每 30min 时间加大气量，每次待系统稳定后观察净化气中 CO_2 含量，同时尽可能调整各参数达设计值。

c. 开车过程中，每班加入 300mL 消泡剂。为优化操作，可依次减少溶液循环量及热负荷，直到净化度与要求指标一致，然后增加 5%溶液循环量及热负荷，系统便处于稳定操作状态。此时启动过滤器旁路。

（3）紧急停车

在生产过程中，如遇到突然停电，停循环水，仪表空气、设备故障等意外情况，应做紧急停车处理，按以下步骤操作：

① 发出紧急停车信号；

② 停各运转机泵，关进、出口阀；

③ 关闭原料气进口阀；

④ 停再沸器 E-A833 加热蒸汽，再生塔 T-A834 及再沸器 E-A833 放空；

⑤ 维持各塔的压力，及时调整再生塔 T-A834 放空压力；

⑥ 全面检查各设备、阀门开关情况，做好开车准备。

3.10.1 异常原因分析及处理

异常原因分析及处理如表 3-13 所示。

表 3-13 异常原因分析及处理

序号	不正常现象	故障原因	解决办法
1	CO_2 吸收不完全	入塔贫液温度太高	调节贫液水冷却器水量或切换清洗
		吸收塔 T-A723 产生泡沫	加强过滤,防止油、尘粒带入,必要时加入适量泡沫抑制剂
		贫液中 CO_2 含量高	CO_2 汽提不充分,再生不好
		原料气中 CO_2 浓度过高	调节工况参数
		吸收塔 T-A723 底部温度过高	① 降低进气温度 ② 降低入塔贫液温度 ③ 增加溶液循环量
		气液接触不良	检查溶液分布情况,检查填料情况,增大循环量
		热稳盐含量高	分流溶液净化
2	CO_2 汽提不充分,再生效果差	蒸汽汽提不充分	提高再生塔 T-A834 塔底温度
		热稳盐含量高	分流溶液净化
		溶液流量过大	减少循环量
		再生塔 T-A834 塔底温度过低	增大再生塔 T-A834 塔顶压力,提高再生塔 T-A834 塔底温度
		汽液接触不良	检查汽液分布器、填料情况,调节循环量
		进塔富液温度低	清洗溶液换热器
3	起泡	溶液中存在表面活化剂	增加过滤量或更换活性炭,同时加大消泡剂加入量
		原料气流量过大	减少入塔原料气量
		溶液中存在 $FeCO_3$	采用过滤装置除去
		溶液中存在固体粒子	检查活性炭过滤器,防止活性炭微粒穿透进入塔中

序号	不正常现象	故障原因	解决办法
4	溶剂损失太大	净化气夹带,吸收塔 T-A723 内部故障	不要超过塔的最大气速,增加或修理除沫器丝网
		起泡	减少入塔原料气量、增加过滤量,或更换活性炭,同时加大消泡剂加入量
		泄漏	堵漏
		溶剂分解	减少入塔原料气量、加大消泡剂加入量
5	溶剂过量降解	热稳盐累积	分流溶液净化
		再沸器 E-A833 表面温度高	清洗再沸器 E-A833,使用较低蒸汽压力,增加循环量,降低温度
		溶液整体温度高	降低再生塔 T-A834 压力,增加溶液循环量
		再生塔 T-A834 中溶液停留时间过长	降低再生塔 T-A834 液位,增加溶液循环量
6	过量热稳盐积累	水质差	系统补充水用合格脱盐水
		溶剂降解	分流溶液净化、降低再生塔 T-A834 压力和温度、增加
		活性炭床变脏	更换活性炭
7	缓蚀剂浓度降低	溶液降解产物过度	溶液循环量
		系统中铁含量高	增加过滤以除去
		溶液稀释	增加溶剂浓度及添加缓蚀剂
8	腐蚀速度过快	缓蚀剂浓度不够	添加一定量缓蚀剂
		金属表面未与防腐溶液接触	增大循环量或检查液体分布器,使表面均匀润湿
		闪蒸或蒸汽分离出来	减小高温设备中的蒸汽空间,杜绝使用过热蒸汽,保证溶液淹没热管
		不相似金属接触	避免不相似金属在电解液中接触
		氯离子浓度过高($>$1000mg/L)	更换溶液
9	溶液浓度过高	水从吸收塔T-A723带走	降低净化气排气温度
		被产品 CO_2 带走	降低出 CO_2 冷却器气体温度,增大回流量
10	溶液浓度太低	溶剂损失	补充 MDEA 溶液
11	铁离子浓度过高	腐蚀	见序号8,使用或更换活性炭过滤器,使用溶液回收加热器

序号	不正常现象	故障原因	解决办法
12	蒸汽消耗高	回流量过高	减小再生塔气中 H_2O/CO_2
		入再生塔 T-A834 溶液温度过低	清洗贫富液换热器
		富液负荷太低	见序号 1
		溶液浓度太低	补加 MDEA 溶液
		热稳盐含量太高	对溶液加强过滤
		冷却器回水温度低	降低冷却水量,清洗换热器
13	吸收塔液泛	含杂质,重烃多	向脱碳系统加入消泡剂
		天然气分离器液位高,重烃带入脱碳单元	调整液位调节阀,保证正常液位
		填料堵塞	需拆洗填料
		减少处理气量	停贫液泵和半贫液泵
14	再生塔液泛	含杂质,重烃多;天然气分离器液位高,重烃带入脱碳单元;填料堵塞	迅速向系统加入消泡剂;减少处理气量,关闭调节阀 TV-A838,停止向再沸器送蒸汽,停贫液泵和溶液泵,关闭吸收塔液位调节阀及前、后截止阀,停半贫液泵
15	贫液泵(P-A729)停机	故障	迅速启动备用泵
	溶液泵(P-A730)停机	故障	迅速启动备用泵
16	半贫液泵故障		P-A724 液力透平故障时液力透平自动脱扣,泵仍正常运行,但 LV-A705/2 自动切换到 LV-A705/1 控制 LIC-A705;P-A724 泵体或电机故障时,启动备用泵 P-A725
17	净化气分离器(V-A721)液位异常	吸收塔液泛和 LV-A723 故障	分析溶液的起泡性,及时加入消泡剂,打开 LV-A723 旁通控制液位

3.10.2 典型事故处理

(1)循环水中断的处理

① 现场操作人员职责:

a. 停贫液泵 P-A729A/B、半贫液泵 1P-A724、半贫液泵 2P-A725、溶液泵 P-A730A/B、地下槽 V-A838 泵 PA-839A/B、回流液泵 P-A835A/B 中的运行泵,关闭泵进、出口阀;

b. 全关再沸器 E-A833 蒸汽进口调节阀，开 CO_2 放空阀，控制再生塔 T-A834 放空压力；

c. 停原料气进口阀。

② 室内操作人员职责：

a. 通知火炬原料气岗位；

b. 全关原料气进口调节阀；

c. 全关各个调节阀的阀位。

（2）仪表空气中断处理

① 现场操作人员职责：

a. 停贫液泵 P-A729A/B、半贫液泵 P-A724、半贫液泵 P-A725、溶液泵 P-A730A/B、地下槽 V-A838 泵 PA-839A/B、回流液泵 P-A835A/B，关闭泵进、出口阀；

b. 全关再沸器 E-A833 蒸汽进口调节阀，开 CO_2 放空阀，控制再生塔 T-A834 放空压力；

c. 停原料气进口阀。

② 控制操作人员职责：

a. 通知火炬原料气岗位；

b. 全关原料气进口调节阀；

c. 全关各个调节阀的阀位。

（3）电源中断处理

① 现场操作人员职责：

a. 停贫液泵 P-A729A/B、半贫液泵 P-A724、半贫液泵 P-A725、溶液泵 P-A730A/B、地下槽 V-A838 泵 PA-839A/B、回流液泵 P-A835A/B，关泵进、出口阀；

b. 全关再沸器 E-A833 蒸汽进口调节阀，开 CO_2 放空阀，控制再生塔 T-A834 放空压力；

c. 停原料气进口阀。

② 控制操作人员职责：

a. 通知火炬原料气岗位；

b. 全关原料气进口调节阀；

c. 全关各个调节阀的阀位。

（4）再生塔 T-A834 泛塔的处理

① 关小再沸器 E-A833 温度控制阀位，减少再沸器 E-A833 加热蒸汽量。

② 将贫液、半贫液流量及回流流量调节阀开大阀位，将泛塔溶液迅速打回吸收塔 T-A723 及再生塔 T-A834 系统，避免溶液从 CO_2 放空管泄漏。

③ 关小贫液、半贫液流量及回流流量调节阀，控制再生塔 T-A834 液位至正常液位。

（5）原料气中断，MDEA 脱碳装置的处理

① 现场操作人员职责：

a. 停原料气进口阀；

b. 关小 CO_2 放空阀，控制再生塔 T-A834 放空压力。

② 控制室人员职责：

a. 减小整个系统的循环量，维持在正常值的约 20%；

b. 控制好各塔和储槽液位，利用吸收塔 T-A723、闪蒸塔 T-A843 和再生塔 T-A834 维持系统溶液循环，调整换热器的循环水量和蒸汽量。

（6）机泵故障的处理

MDEA 脱碳装置各机泵均有备用，运行泵出现故障时，立即启动备用机泵，并通知维修人员处理。

（7）调节阀故障的处理

脱碳装置调节阀均设有旁通阀，若调节阀失控，则立即启用旁通阀控制，并通知仪表人员处理。

第4章

东方终端脱 CO_2 装置
节能良好实践

4.1　节能技术良好实践

4.1.1　脱碳装置用能分析

东方终端主要处理上游两个海上气田输送上岸的天然气，将处理后合格的天然气外输到下游各个用户。上游两个气田 CO_2 含量很高，分别为 31.67％和 19.78％，为了满足下游用户对天然气热值的要求，东方终端必须对海上来的天然气进行脱除 CO_2 处理。为了实现这一目标，东方终端先后建设了东方一期脱碳、东方二期脱碳以及乐东脱碳三套脱碳装置，天然气年处理量分别为 8 亿米^3、8 亿米^3 和 4.5 亿米^3。

图 4-1 为终端脱碳系统的流程简图，原料气从吸收塔下部进入，净化天然气从塔顶离开，富液从塔底首先进入闪蒸罐分离含烃气体，然后进入到再生塔进行再生。再生塔分为两段，绝大部分富液从上段

流出作为半贫液由泵送回吸收塔，少部分富液进入下段进行再生。根据该工艺特点，其两段塔设计可以看成一个低压闪蒸罐和汽提塔，大部分酸性气体在低压闪蒸中从富液中逸出，在下段汽提塔中进一步脱离酸气，得到的贫液可以在吸收塔塔顶对原料气进行更严格的脱碳。因此，脱碳系统主要耗能在于再生塔塔底蒸汽消耗和贫液/半贫液循环输送过程中消耗的电能。根据能耗报表，为供给东方及乐东脱碳装置所消耗的蒸汽，蒸汽锅炉每天需消耗燃料气量分别为 3.5 万米^3 和 1.96 万米^3。

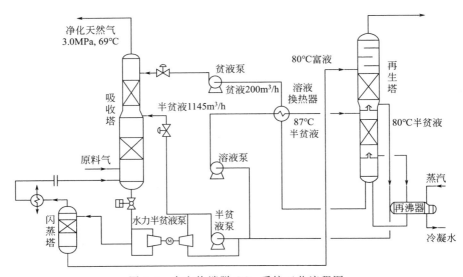

图 4-1　东方终端脱 CO_2 系统工艺流程图

　　东方三套脱碳系统均采用两段吸收流程，贫液循环量小，主要依靠大循环量的半贫液吸收 CO_2。由于脱碳工艺受上游来气及下游客户需求影响，三套脱碳系统操作并不稳定，常常处于动态调整中。分析和优化，主要从指导操作优化角度来对终端现有脱碳装置进行模拟，以达到节能减排的要求。三套装置设计参数接近，根据现有 DCS 数据对脱碳塔进行模拟（模拟数据来自二期脱碳参数记录表）。原料气（$8 \times 10^4 m^3/h$）、贫液（$200 m^3/h$）及半贫液（$1145 m^3/h$）组成如表 4-1 所示。

表 4-1　原料气、贫液及半贫液组成

组分	原料气(摩尔分数)/%	贫液(质量分数)/%	半贫液(质量分数)/%
MDEA	0.00	40.55	38.54
H_2O	0.01	54.40	50.50
异戊烷	0.01	0.00	0.00
正戊烷	0.01	0.00	0.00
异丁烷	0.02	0.00	0.00
正丁烷	0.02	0.00	0.00
哌嗪	0.00	3.96	3.76
CO_2	28.26	1.09	7.20
H_2S	0.00	0.00	0.00
甲烷	53.74	0.00	0.00
乙烷	0.33	0.00	0.00
丙烷	0.17	0.00	0.00
N_2	17.42	0.00	0.00

东方终端脱 CO_2 装置节能技术包括脱碳流程设备节能改造和节能技术运用，以及脱碳装置辅助系统和设备节能改造和节能技术运用。

4.1.2　水力透平在脱碳系统的运用

水力透平是一种能量回收装置。透平是将流体工质中蕴含的能量转换成机械能的机器，又称涡轮机。透平是英文 turbine 的音译，意为旋转物体。因透平的工作条件和所用工质不同，所以它的结构形式多种多样，但基本工作原理相似。透平的最主要的部件是一个旋转元件，即转子，或称叶轮，它安装在透平轴上，具有沿圆周均匀排列的叶片。流体所具有的能量，在流动中经过喷管时转换成动能，流过叶轮时流体冲击叶片，推动叶轮转动，从而驱动透平轴旋转。透平轴直接或经传动机构带动其他机械，输出机械功。透平机械的工质可以是水及其他液体、蒸汽、燃气、空气和其他气体或混合气体。以水为工质的透平称为水力透平，有时水力透平常常为液力透平的代称。

作为一个节能的装置，水力透平是近几年才兴起来的。在使用上，常常以反转离心泵作水力透平，这样更经济。作为能量回收的水力透平属于泵系统节能的范畴，只是因为水力透平本身就是一台泵，并且其动力输出端往往驱动的是另一台泵。水力透平可以对工艺流程中产生的高压液体进行再利用，是一种能量回收装置，目前广泛应用于石油化工加氢裂化装置、大型合成氨装置、脱碳装置以及海水淡化装置等，是具有长远经济效益的节能装置。水力透平是用液体驱动设备回收能量，也就是回收液体能量，一般采用逆运行泵来充当透平。

4.1.2.1 背景介绍

东方终端共有三套脱碳装置，包括东方一期脱碳系统、东方二期脱碳系统及乐东脱碳系统。东方一期和二期脱碳系统为降低东方终端的能耗，在半贫液循环系统中都安装了水力透平，利用脱碳吸收塔内的富液的流体压力，驱动水力透平，水力透平通过联轴器与半贫液泵的电机共同驱动半贫液泵，帮助 MEDA 半贫液增压。水力透平能够有效地降低半贫液泵的能耗，节约大量的电能。东方一期和二期脱碳装置半贫液循环系统示意图如图 4-2 所示，富液从接触塔底部流出，利用自身的流体压力驱动水力透平和电机共同驱动半贫液泵。

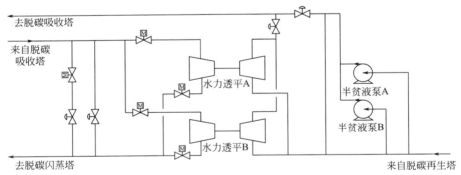

图 4-2　东方终端二期脱碳装置半贫液循环系统示意图

乐东脱碳系统在设计建造初期已经决定利用水力透平实现节能，降低电力的消耗。为避免出现东方一期和二期水力透平运行曾出现的问题，乐东装置单独安装了两台水力透平驱动半贫液泵，配合两台电机驱动的半贫液泵共同完成半贫液循环。水力驱动的半贫液泵和电机驱动的半贫液泵共同运行，实现半贫液系统的循环。乐东半贫液循环系统示意图见图 4-3。乐东脱碳半贫液循环系统，富液从接触塔底部出来，依靠自身的流体压力，驱动水力透平帮助半贫液增压，分担电机驱动的半贫液泵的负荷，实现节能，降低电力消耗。

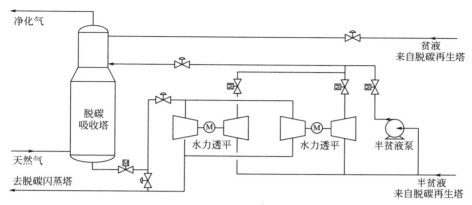

图 4-3　乐东半贫液循环系统示意图

4.1.2.2　改造方案

乐东脱碳系统充分吸收了东方终端一期和二期脱碳系统的设计和运行经验。东方一期和二期作为先建的脱碳装置，半贫液循环系统在前期运行过程中出现一些问题，主要是半贫液泵运行故障引起，水力驱动的水力透平装置能够很好地降低半贫液泵的能耗，但是由于水力透平运行的不稳定性，导致联动的半贫液泵的电机和泵体经常出现故障。虽然现场人员通过多次工艺设备和流程的改造，提高了水力驱动源 MEDA 富液流体的稳定性，但基于流程自身控制和工艺变化的原因，该问题无法从根本上进行有效解决，因此半贫液泵的运行缺陷无法根除。乐东装置脱碳系统的半贫液循环系统，通过方案的优化，改变水力透平运行的方式，彻底解决了运行缺陷。

4.1.2.3　改造效果

乐东脱碳系统水力透平运行模式十分稳定，能够有效降低半贫液循环系统的能耗，由于水力透平和电力驱动的半贫液泵分开运行，水力透平输出动力的改变不会直接影响电机，保证了电力驱动的半贫液泵的稳定运行，大大提高了设备运行的稳定性，减小了设备的维修频率。

乐东脱碳系统通过将水力透平单独驱动半贫液泵实现了节能减排的

目的，同时解决了电机和水力透平联动驱动半贫液泵运行不稳定的问题。成功的经验说明，解决问题的方式不能局限于原有的设计方式的修改和调整，需要更多创新性的方案。

4.1.3 脱碳二期水力透平改造

4.1.3.1 背景介绍

（1）项目概述

东方终端二期脱碳装置投产以来，1♯水力透平故障率较高，长时间运行2♯半贫液泵。由于没有水力端，故电能消耗多。现增加一台水力透平，把高压溶液具有的能量利用起来，以减少电能消耗。

（2）存在问题及原因分析

东方终端二期1♯半贫液泵是进口设备，发生故障后维修周期长，只能用2♯半贫液泵。2♯半贫液泵是普通的离心泵，不能利用吸收塔底富液的压力能。

4.1.3.2 改造方案

东方终端二期脱碳装置增加一台水力透平半贫液泵，与原有的两台半贫液泵并联，最大限度地利用被输送介质具有的压力能，减少能量损失。

改造前流程示意图如图4-4所示。

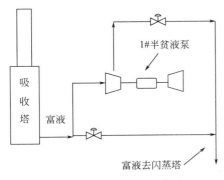

图4-4 改造前流程示意图

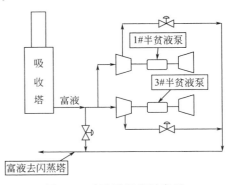

图4-5 改造后流程示意图

改造后流程示意图如图4-5所示。

水力透平现场图片如图4-6、图4-7所示。

图 4-6　水力透平现场图片（一）

图 4-7　水力透平现场图片（二）

4.1.3.3　改造效果

新增 3♯ 半贫液泵目前运行良好，每天可节约用电 9600kW·h，按年运行 300d 计算，年可节电 $9600 \times 300 = 288 \times 10^4$（kW·h）。

东方终端二期脱碳装置通过增加一台水力透平，与原有的两台半贫液泵并联，最大限度地利用被输送介质具有的压力能，节能效果十分明显。

4.1.4　贫液增压泵改造

4.1.4.1　背景介绍

（1）项目概况

东方终端一期、二期脱碳系统是天然气处理的重要系统，在实际运行中，系统的脱碳能力达不到设计要求，主要原因是从再生塔出口到贫液泵进口的压降较大，使得贫液泵进口压力低，造成贫液泵出口流量达不到设计值，从而导致系统的脱碳能力达不到设计要求。通过对其原因进行综合分析，从而进行了贫液增压泵的可行性改造。

（2）项目实施前存在的问题

东方终端一期脱碳装置设计处理能力为 $10 \times 10^4 \, m^3/h$，进料天然气含 20% 的二氧化碳；二期脱碳装置设计处理能力为 $10 \times 10^4 \, m^3/h$，进料天然气含 30% 二氧化碳。现阶段进脱碳系统的天然气含二氧化碳为 27.5%，一期脱碳系统实际处理能力为 $6 \times 10^4 \, m^3/h$，二期脱碳系统实际处理能力为 $8 \times 10^4 \, m^3/h$。按设计条件换算，一期脱碳系统实际处理量为 $8.25 \times 10^4 \, m^3/h$，二期脱碳系统实际处理量为 $7.33 \times 10^4 \, m^3/h$，都没有达到设计的处理能力。脱碳系统流程图如图 4-8 所示。

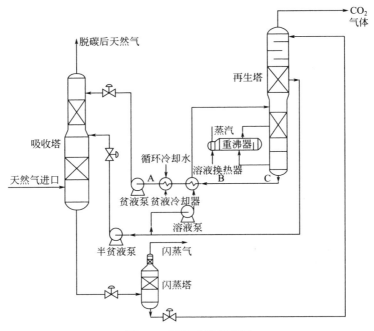

图 4-8　脱碳系统流程图

在当前脱碳系统进料天然气组分和气量相对稳定的前提下，东方终端脱碳系统脱除二氧化碳的能力主要取决于两个因素：

① 富液降压生成半贫液以及半贫液经加热再生成贫液的效果；

② 经贫液泵和半贫液泵加压进入吸收塔的贫液和半贫液的流量。

贫液再生效果主要取决于蒸汽在重沸器内提供热量的多少，当前东方终端一期、二期脱碳系统的蒸汽锅炉提供的蒸汽完全可以满足贫液的再生需求，贫液温度已达到设计值，所以贫液再生效果已完全达到设计要求。

半贫液的再生效果主要取决于闪蒸塔和再生塔的压力，压力越低，再生效果越好。在正常生产过程中，整个天然气处理系统要求闪蒸塔和再生塔的压力需保持稳定（闪蒸塔压力为 0.7MPa，再生塔压力为 0.06MPa），所以很难通过降低再生压力来提高半贫液的再生效果。

因此，系统处理能力低不是贫液和半贫液本身的问题。

贫液和半贫液的流量主要由泵的设计排量以及泵的实际工况决定，贫液泵和半贫液泵的设计排量和实际排量对照见表 4-2。

表 4-2　贫液泵与半贫液泵流量

项　目	设计流量/(m^3/h)	实际流量/(m^3/h)
一期贫液泵	165	130
二期贫液泵	220	170
一期半贫液泵	700	675
二期半贫液泵	1200	1170

由表 4-1 数据可以看出，半贫液的实际流量与泵的设计流量基本吻合，但贫液的实际流量与设计流量差距比较大（一期贫液泵只有设计流量的 78.7%，二期贫液泵只有设计流量的 77.2%）。由此可知，脱碳系统处理能力低主要是贫液流量没有达到设计要求，增加贫液泵的实际流量对提高脱碳系统的能力将有明显效果。

4.1.4.2　改造方案

项目改造内容主要如下：

再生塔贫液出口管线上增加两个三通，在两个三通之间的原管线上加装单向阀，再生塔出口管线保留。新增贫液增压泵的进出口管线连接在两个三通上，贫液增压泵进出口管线之间增加一个自励式压力控制阀，以调节贫液增压泵的出口压力，保证系统正常运行。

贫液增压泵的流量按贫液泵流量设计,与贫液泵的设计流量匹配。增压泵设计扬程为 25.5m,即再生塔出口压力提高 0.25MPa,使贫液泵进口压力增加,以此实现提高贫液泵排量的目的。因为再生塔出口压力提高后不超过原系统的设计范围,对原有设备和管线都没有负面影响,不存在隐患。

实施改造分两步:

第一步:利用停产大修的机会,在再生塔出口管线上增加两个三通,三通间加一个单向阀,在三通预留口处安装蝶阀。

第二步:按一期、二期脱碳系统的相关设计参数来设计贫液增压泵,然后整撬购买,安装时利用预留口直接安装增压泵,脱碳系统不用停产。新增贫液增压泵参数如表 4-3 所示。

表 4-3 新增贫液增压泵设计参数

项目	排量/(m³/h)	扬程/m
一期贫液增压泵	165	25.5
二期贫液增压泵	250	25.5

改造方案实施后的脱碳系统流程简图见图 4-9(图中圈内为新增贫液增压泵)。

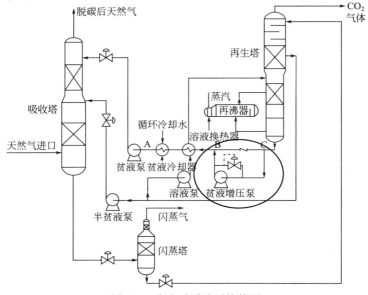

图 4-9 改造后脱碳系统简图

一期、二期脱碳装置贫液增压泵安装后效果明显，贫液增压泵使用前后贫液泵的进口压力和流量对比情况如表 4-4 所示。

表 4-4　贫液增压泵使用前后贫液泵的进口压力和流量对比情况

项目	改造前		改造后		增加值	
	流量/(m^3/h)	进口压力/MPa	流量/(m^3/h)	进口压力/MPa	流量/(m^3/h)	进口压力/MPa
一期贫液泵	130	0.03	165	0.06	35	0.03
二期贫液泵	170	0.04	215	0.07	45	0.03

由表 4-4 数据可以看出，贫液增压泵使用后贫液泵的进口压力和排量都明显增加，一期贫液泵实际排量提高了 26.9%，二期贫液泵实际排量提高了 26.4%。

4.1.4.3　节能效果分析

由于提高贫液泵的实际排量近 26%，相应地提高了系统处理天然气的能力。改造方案实施前、后的天然气处理量分别见表 4-5、表 4-6。

表 4-5　贫液增压泵使用前天然气处理量

项目	第一天	第二天	第三天	第四天	第五天	第六天
压缩机外输气总量/$(10^4 m^3/d)$	362.9	361.4	363.9	360.1	365.8	368.8
外输气中二氧化碳含量/%	4.64	4.67	4.62	4.69	4.77	5.10

表 4-6　贫液增压泵使用后天然气处理量

项目	第一天	第二天	第三天	第四天	第五天	第六天
压缩机外输气总量/$(10^4 m^3/d)$	397.5	395.7	394.6	390.7	395.1	392.8
外输气中二氧化碳含量/%	4.72	4.77	4.69	4.63	4.81	4.71

由表 4-5 和表 4-6 中的数据可以看出，使用贫液增压泵后脱碳系统处理后的气量增加了约 $30×10^4 m^3/d$，因进脱碳系统的天然气含二氧化碳为 27.5%，所以换算成进脱碳系统的气量约为 $39×10^4 m^3/d$，整个脱碳系统处理能力提高了约 10.7%，效果显著。

在下游用户需求量增大的情况下，提高脱碳系统处理量 $39×10^4 m^3/d$，不但对完成产量任务做出很大的贡献，而且经济效益可观，至少可以提高收益 25 万元/d，理论年收益可达 9000 万元。

东方终端通过实施贫液增压泵改造项目，解决了贫液泵进口压力低和排量小的问题，使贫液泵的排量增加了约 26％，提升了一期、二期脱碳系统处理能力约 10.7％。该改造项目以较小的投资获得较高的回报，经济效益十分明显。

4.1.5 闪蒸气回收改造

4.1.5.1 背景介绍

东方 1-1 气田于 2003 年 8 月投产，由于天然气组分中 CO_2 含量较高，天然气的高位发热值只有 25.8MJ/m^3，无法达到下游用户天然气品质要求，因而建造两套天然气脱碳系统，脱碳后天然气高位发热值达到 31.5MJ/m^3，脱碳前天然气水露点小于 0℃，脱碳净化气经过吸附干燥后水露点低于 −10℃，满足用户要求。东方终端二期脱碳系统如图 4-10 所示，每年可处理 CO_2 含量为 30％的天然气 8 亿米³。

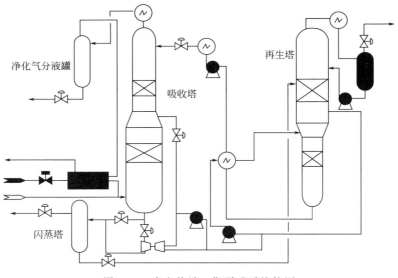

净化气分液罐

吸收塔

再生塔

闪蒸塔

图 4-10　东方终端二期脱碳系统简图

闪蒸气是指脱碳 MDEA 溶液在闪蒸塔中降压闪蒸出来的气体，其组分会因工况参数控制的不同而不同。表 4-7～表 4-9 是根据二期脱碳系统在不同运行工况条件下，化验分析得出的闪蒸气组分结果。

表 4-7 闪蒸气组分表（化验分析干基，2006 年 12 月 31 日）

组 分	CH_4	C_2H_6	C_3H_8	$i\text{-}C_4$	$n\text{-}C_4$	$i\text{-}C_5$
摩尔分数/%	53.41	0.66	0.18	0.04	0.04	0.02
组 分	$n\text{-}C_5$	C_{6+}	N_2	CO_2	H_2	
摩尔分数/%	0.01	0.25	9.62	35.75	0.01	

表 4-8 闪蒸气组分表（化验分析干基，2007 年 1 月 1 日）

组 分	CH_4	C_2H_6	C_3H_8	$i\text{-}C_4$	$n\text{-}C_4$	$i\text{-}C_5$
摩尔分数/%	39.55	0.48	0.13	0.02	0.03	0.01
组 分	$n\text{-}C_5$	C_{6+}	N_2	CO_2	H_2	
摩尔分数/%	0.01	0.23	7.28	52.26	0.00	

表 4-9 闪蒸气组分表（化验分析干基，2007 年 1 月 2 日）

组 分	CH_4	C_2H_6	C_3H_8	$i\text{-}C_4$	$n\text{-}C_4$	$i\text{-}C_5$
摩尔分数/%	61.26	0.78	0.21	0.04	0.05	0.02
组 分	$n\text{-}C_5$	C_{6+}	N_2	CO_2	H_2	
摩尔分数/%	0.02	0.17	11.21	26.24	0.00	

在东方终端二期脱碳装置的设计中，考虑到原料气 CO_2 含量高，装置的脱碳处理负荷较大，而 MDEA 溶液循环量不足，会造成闪蒸气 CO_2 含量过高，气质达不到低压燃料气的要求。因此将含有部分甲烷气体的闪蒸气直接排放到大气中，如图 4-11 所示。

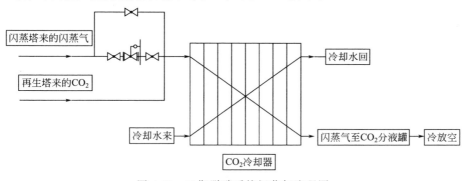

图 4-11 二期脱碳系统闪蒸气流程图

二期脱碳系统运行初期，闪蒸气流量约 780m³/h 左右（根据工况波动），即使按照最小的甲烷含量 39.55% 来计算，甲烷气体的流量也可达到 308m³/h，约 7400m³/d。按照原设计，闪蒸气从闪蒸塔出来后，与从再生塔出来的 CO_2 一起到二氧化碳冷却器冷却，分离出 MDEA 残液后，闪蒸气和 CO_2 气体经二氧化碳放空筒放空。

经过仔细分析和科学论证，发现只要通过部分工艺改造，便可将闪蒸气变废为宝。在分析了项目的投资风险和社会效益后，东方终端决定对二期脱碳系统的闪蒸气进行回收。项目改造成功后，每天大约可为终端增产 9367m³ 天然气，每年增产 $310 \times 10^4 m^3$ 天然气。增产的天然气外输到下游用户，以缓解下游用户用气紧张局势。

4.1.5.2 改造方案

（1）方案确定

在如何回收利用脱碳系统闪蒸气的问题上，经反复论证后提出了两个方案。第一个方案是增加贫液洗涤设备，在二期脱碳系统闪蒸气流程中增加贫液洗涤设备，主要是增加一个闪蒸气贫液洗涤罐、一个闪蒸气冷却器和一个闪蒸气分液罐。闪蒸气从闪蒸塔出来后，到闪蒸气洗涤罐，经过脱碳贫液洗涤后的闪蒸气进入闪蒸气冷却器进行冷却，再到分液罐分液后进入到二期低压燃料气系统。经脱碳贫液洗涤后，闪蒸气中大部分 CO_2 被吸收，其热值超过低压燃料气热值所需的 24.6MJ/m³，可以满足低压燃料气的气质要求。第二个方案是增加闪蒸气回收设备，从闪蒸塔出来的闪蒸气，直接进入闪蒸气回收撬块装置增压。增压后的闪蒸气进入二期脱碳系统原有的再生气冷却器和再生气过滤分离器冷却分离后，进入脱碳吸收塔进行脱碳处理，最终可成为合格的外输气而外输。两个回收方案的优缺点比较见表 4-10。

表 4-10　两个回收方案对比

方案	增加的设备	优点	缺点（两个方案相比）	对生产系统影响
增加贫液洗涤流程	贫液洗涤塔、闪蒸气冷却器、闪蒸气分液罐	节能；可借鉴原有的生产工艺模式	增加贫液循环量（已无提升空间）；投资较高	需对现有系统进行部分改造，影响生产

方案	增加的设备	优点	缺点(两个方案相比)	对生产系统影响
添加闪蒸气增压设备	闪蒸气压缩机组、电、仪辅助系统	不影响现有脱碳系统生产条件;施工时可利用现有设备条件	动设备,耗能较大;增加了操作管理的工作量	独立装置,不影响生产

从两个方案的优缺点可以对比得出：由于脱碳系统现有的 MDEA 溶液循环量已饱和，无法满足第一个方案闪蒸气洗涤塔贫液洗涤的需要。同时，增加贫液洗涤设备涉及对现有系统的诸多改造，尤其是逻辑关停系统的变更，施工必须关停整个脱碳系统，影响生产。此外，在投资费用方面，增加贫液洗涤设备方案处于劣势。相对来说，第二个方案的可操作性强，最终选择了增加闪蒸气压缩机压缩回收闪蒸气这个方案。值得说明的是，在研究该方案时，通过核算再生气冷却器余量，利用终端原有的再生气冷却器和再生气过滤分离器，作为增压后的闪蒸气的冷却和过滤分离设备。这样就不需再购置闪蒸气冷却器和分液灌，节省投资费用。同时，该方案不会造成现有的换热设备和脱碳吸收塔超负荷运行。

（2）方案简介

东方终端二期脱碳系统闪蒸气增压回收方案，是通过闪蒸气压缩机将闪蒸气增压至 3.3MPa 后，进入到吸收塔进行脱碳处理，将闪蒸气中的甲烷气体进行回收。该方案需要新增压缩机撬一套，压缩机撬设置在闪蒸塔 T-Q123 和吸收塔 T-Q103 之间，其余的设置均利用终端厂原有设施。二期脱碳系统闪蒸气回收项目改造前后流程如图 4-12 所示。

（3）方案实施

① 项目设计　东方终端提出二期脱碳装置闪蒸气回收方案后，由设计公司进行方案论证，并提供了详细的设计方案。整个闪蒸气回收项目在设计时采用了以下标准规范：

a. SY/T 0011—2007《天然气净化厂设计规范》；

b. SY/T 0077—2008《天然气凝液回收设计规范》；

c. GB 150—2011《压力容器》；

d. SH 30090—2001《石油化工企业燃料气系统和可燃气体排放系

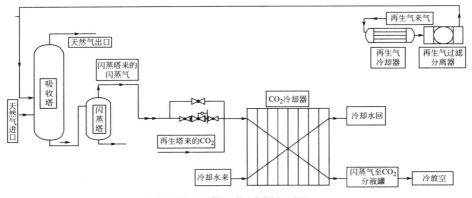

(a) 东方终端二期闪蒸气回收改造前流程示意图

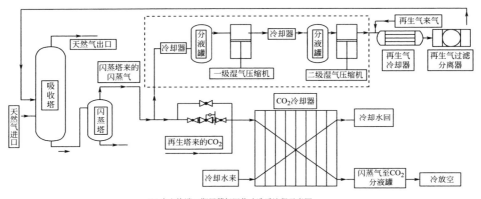

(b) 东方终端二期闪蒸气回收改造后流程示意图

图 4-12　闪蒸气增压回收改造前后流程（虚线框内为新增加的闪蒸气流程）

统设计规范》。

　　综合考虑生产工况和将来设备的方便维护后，采用了四川通达机械生产的 D-2.1/6-33 型闪蒸气回收压缩机。该机型是往复活塞式、对称平衡型的正向位移式压缩机，采用两级串联压缩，额定排气量（标准状态）800m³/h。压缩机采用变频控制，利用流量信号控制压缩机驱动电机变频，电机的额定功率为 75kW。

　　闪蒸气中 CO_2 含量较高，设备的操作压力较高，且因为 MDEA 溶液中含水，闪蒸出来的气体也会携带少量游离水，存在 CO_2 腐蚀问题。因此管线材料采用不锈钢材料，两个涤气罐和气体冷却器采用不锈钢材料。两台压缩机的材料采用压缩机厂家推荐的材料制造，但在与闪蒸气接触的部位要求做好防 CO_2 腐蚀处理，保证设备的使用效果和寿命。

② 设计基础数据　终端二期脱碳闪蒸气的气体组分、流量、压力、温度等参数如表 4-11 所示。

表 4-11　闪蒸气组分表

组分	CH_4	C_2H_6	C_3H_8	$i\text{-}C_4$	$n\text{-}C_4$	$i\text{-}C_5$
摩尔分数/%	39.55	0.48	0.13	0.02	0.03	0.01
组分	$n\text{-}C_5$	C_{6+}	N_2	CO_2	H_2	
摩尔分数/%	0.01	0.23	7.28	52.26	0.00	

a. 闪蒸气的流量（基准状态）为 1000m³/h。

b. 闪蒸气的温度为 68～75℃。

c. 闪蒸气的压力设定点为 630kPa（G），压力值可以调节，最高压力可以达到 800kPa（G）。

d. 二期冷却水系统的流量为 1400m³/时，冷却水的进出口温度为 36～38℃。

③ 工艺流程　脱碳系统的吸收塔操作压力是 3.25MPa，闪蒸气进入吸收塔脱碳前，必须经过闪蒸气回收装置增压至 3.3MPa。闪蒸气回收装置的核心设备为一组闪蒸气压缩机撬，其设备包括：气体冷却器 2 个，压缩机前置涤气罐 2 个，压缩机 2 套，压缩机现场控制盘 1 套。利用二期脱碳系统的两个预留口，将闪蒸气回收装置接入到脱碳系统。从闪蒸塔出来的闪蒸气，经闪蒸气出口预留口进入到回收装置，如图 4-13 所示。

去闪蒸气回收装置

图 4-13　闪蒸气原料气出口预留口

进入回收装置的闪蒸气（0.63MPa，75℃）首先进入到预冷却器，温度降至42℃后进入进气洗涤罐，然后进入一级压缩机增压。一级增压后的闪蒸气（1.5MPa，104℃）进入中间冷却器冷却至40℃，然后进入中间洗涤罐进行气液分离，再进入二级压缩机增压至3.3MPa。经过两级压缩机增压的闪蒸气温度达到了100℃，需再冷却分离重烃组分后，才能进入脱碳系统。从压缩机撬增压后的闪蒸气，通过原有的预留口进入到再生气冷却器入口管线，如图4-14所示。闪蒸气与来自再生气干燥器的再生吹冷气汇合后，在再生气冷却器冷却至45℃左右，进入再生气过滤分离器分离部分重烃组分，最后进入吸收塔。闪蒸气首先进入冷却器，后进入CO_2吸收塔。

图 4-14　再生气冷却器进气预留口

改造之后的东方终端二期脱碳系统流程简图，如图4-15所示，其中虚线内的是闪蒸气回收装置的新增设备。

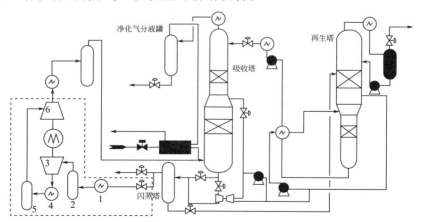

图 4-15　改造后的二期脱碳系统流程简图

1—预换热器；2—进气涤气罐；3——级压缩机；4—中间换热器；5—中间涤气罐；6—二级压缩机

4.1.5.3 改造效果

（1）运行效果

经过两个多月的紧张施工调试，闪蒸气回收装置投入运行，装置运行以来，总体运行情况良好。由于压缩机具有变频功能，可根据脱碳系统工况调整运行参数，选取了 2009 年 7～10 月的运行数据，见表 4-12。

表 4-12　2009 年 7～10 月闪蒸气回收装置运行数据表

月份 项目	7 月	8 月	9 月	10 月	7～10 月累计
运行天数/d	31	23	30	31	115
运行小时/h	737.0	508.0	713.5	736.0	2694.5
开工率/%	99.06	68.28	99.10	98.92	91.28
累计回收量/m³	922522	643623	889458	923428	3379031
平均排量/(m³/h)	1251.73	1266.97	1246.61	1254.66	1254.05

注：1. 8 月份由于受台风影响，机组关停了 8d。
2. 开工率＝当月运行小时数/当月总小时数。

由表 4-12 可以看出，闪蒸气回收装置的实际运行效果好于设计数据，平均每小时的回收量比设计数据高出 25％左右，这是因为正向位移压缩机对压力比的变化非常不敏感。只有当压力比接近机器的设计极限值时，才能产生机器的额定容积流量。闪蒸气回收装置与终端厂主生产系统相对独立，回收装置运行中的警报突然关停，并不对主生产系统有影响。不过，装置在运行时，操作人员发现存在以下几个问题：

① 机组的液位控制调节阀有时会出现不能动作的情况，导致不能自动排液，这是控制柜线路问题；

② 机组的回流阀常常自动打开，导致闪蒸气回收量降低，原因未明；

③ 机组的注油系统滑油箱容积和油嘴偏小，每隔两天就得加一次滑油，显得不够人性化；

④ 由于机组顶棚面积不大，在台风等恶劣天气下，机组运行受影响很大，甚至出现注油器进水的情况。

前两个问题不影响机组运行，但必须由操作人员手动控制排液和隔离回流阀。此外，二期系统的正常运行和操作参数的改变，直接影响到闪蒸气回收装置的运行效果。

（2）经济效益

从闪蒸气回收装置的实际运行效果看，每小时闪蒸气回收量可达 $1250m^3$ 左右，大于设计数据的 $1000m^3/h$。按照设计数据计算，装置每年运行 330 天，可得出项目的收益如下：

① 每年可回收甲烷气体为：

$$1000 \times 330 \times 24 \times 39.55\% = 3132360(m^3)$$

② 终端厂外输天然气的 CH_4 含量大约是 79%，装置每年为终端厂增加的外输产量是：

$$3132360/0.79 = 3965012.4(m^3)$$

③ 天然气销售价格按每立方米 1.1 元计算，年销售收入：

$$3965012.4 \times 1.1 = 4361513.64(元)$$

闪蒸气回收装置的建设，充分利用了终端厂原有的冷却水、仪表气、排污系统等辅助设施等，节约了投资费用。装置在生产过程中利用东方终端自发电供电，所用的电费不计。由于设备操作和维修方便，不需另外增加工作人员，节约了人工成本。其他的生产操作费用，以现阶段中国海洋石油总公司内部价格水平，该装置的生产管理等具体情况为原则，按第一年 15 万元，此后每年上涨 3% 计算，闪蒸气回收项目总投资为 1100 万元，年销售收入约 436 万元，每年可以为公司增加所得税前净现金流量 400 万元左右，预计该项目的投资回收期是三年。有关经济评价结果表明，项目的财务净现值为 598 万元，每年内部收益率为 21.6%，比公司基准收益率 12% 高出 80%。随着碳信贷市场逐渐完善，该项目为公司减少的甲烷排放量，将来或许可作为碳信贷进行出售。综上所述，东方终端闪蒸气回收利用项目具有良好的经济效益。

（3）环保效益

有资讯显示，每吨甲烷气体的温室效应比 CO_2 强 25 倍。排放到大气中的甲烷气体，除了来自自然界的，最大的来源是人类活动产生的甲烷。在全球变暖趋势越演越烈的背景下，减少温室气体排放刻不容缓。东方终端闪蒸气回收项目的运行，每年可减少排放到大气中的甲烷气体

310 万米^3，折标准煤为 3410t。该装置的成功投用，不仅响应了国家节能减排的政策，也为全球减少温室气体的排放做出了贡献。

我国的天然气资源丰富，但人均剩余天然气可采储量为 1400m^3，仅为世界平均水平的 5.3%。最大限度地将可采资源量转化为可利用的能源，对促进我国国民经济的发展具有重要意义。东方终端脱碳闪蒸气回收项目的成功运行，每年可回收大量的甲烷气体，提高了气田的产量，创造了良好的经济效益。同时，该项目对减少温室气体的排放，对保护我们居住的环境做出了突出贡献。节能减排作为中海石油的一项基本制度，东方终端积极贯彻这一制度，并用实际行动切实融入到公司的发展战略、管理体系和日常经营活动中，在取得良好经济效益的同时，也承担起了社会责任。

4.1.6 脱碳系统脱碳能力提升改造

4.1.6.1 背景介绍

为应对油价的持续低位，积极响应公司的降本增效的方针政策，东方终端针对生产实际情况对主要用能单位之一的乐东脱碳系统进行能力提升的可行性分析，期待能将终端的三套脱碳装置两用一备的状态保持常态化，最大限度地减少电能的损耗，延长设备使用寿命，并提高生产系统稳定运行的可靠性。

4.1.6.2 改造方案

（1）乐东系统流程简图及说明

乐东平台的天然气经过乐东海管上岸后经过 PV-LA125-1/2 控制处理系统压力为 3.35MPa，经过段塞流捕集器后部分天然气给东方进行配气，余下天然气通过过滤分离器分离出凝液后，大部分天然气直接供给大甲醇使用，另外一部分天然气经 PV-LA316 调压后，通过脱烃系统去除天然气中含有的重烃组分，然后再进入 MDEA 脱碳系统与三甘醇脱水系统，天然气中的二氧化碳在脱碳吸收塔中被 MDEA 半溶液和贫液吸收，净化后的天然气在脱水吸收塔中与三甘醇接触，使天然气水露点达到外输要求，最后净化干燥后的天然气去东方压缩机进口管线，增压外输。该流程示意图如图 4-16 所示。

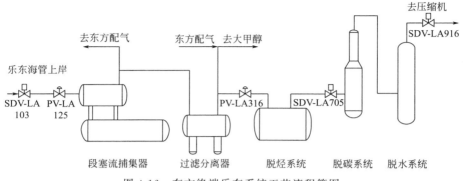

图 4-16　东方终端乐东系统工艺流程简图

（2）乐东脱碳系统设计处理能力

根据《加-T09236 工艺说明书 0 版》第 5 页介绍：乐东脱碳系统设计处理能力为 4 亿米³/年，三甘醇脱水系统设计能力为 3.5 亿米³/年，单元最大处理能力为设计规模上浮 10%。

（3）乐东脱碳系统目前实际处理能力分析

① 低气量条件下脱碳效果　2015 年 5 月 2 日对乐东脱碳系统溶液、上岸天然气以及净化气取样进行了化验，结果如表 4-13 所示。

表 4-13　正常生产化验数据

处理气量	MDEA 浓度/%	贫液中 CO_2 含量/%	半贫液中 CO_2 含量/%	富液中 CO_2 含量/%	
4.7 万米³/h	37.30	3.5	32.10	41.60	
	处理气组分			净化气组分	
CH_4/%	CO_2/%	N_2/%	CH_4/%	CO_2/%	N_2/%
65.63	19.14	13.95	80.98	0.02	17.37

从化验结果来看，当系统处理量为 4.7 万米³/h 的时候，净化气的二氧化碳浓度为 0.02%，基本脱除干净，系统的处理能力完全能满足要求。

② 系统脱碳能力测试　2015 年 5 月 4 日通过调整乐东天然气处理系统的压力，控制乐东脱碳系统的天然气处理量，对乐东脱碳系统进行

了能力测试。

测试方法：

a. 通过调整天然气分离器进口压力控制阀 PV-LA316 的设点，增加脱碳系统的差压，提高脱碳系统的天然气处理量；

b. 当 PV-LA316 全部打开后，提高上岸压力控制阀设点，进一步增加脱碳系统的差压，提高脱碳系统的天然气处理量；

c. 如果段塞流捕集器的压力或者脱碳吸收塔的压力过高时候，且还没有达到系统脱碳能力的极限的时候通过降低压缩机进口管汇的压力，进一步增加脱碳系统的差压，提高脱碳系统的天然气处理量；

d. 观察并记录整个天然气处理系统的各项参数，并通过取样化验天然气净化气的组分。

脱碳系统溶液化验结果如表 4-14 所示。净化气组分分析记录如表 4-15 所示。

表 4-14　脱碳系统溶液化验结果　　　　　　　　　单位：%

MDEA 浓度	贫液中 CO_2 含量	半贫液中 CO_2 含量	富液中 CO_2 含量	活化剂浓度
38.66	3.7	31.3	45.2	3.85

表 4-15　净化气组分分析记录

取样时间	系统处理气量（标准状态）/(m^3/h)	净化气组分		
		甲烷/%	二氧化碳/%	氮气/%
5 月 2 日	47000	80.98	0.02	17.37
5 月 4 日 13:40	50291	80.84	0.23	17.32
5 月 4 日 17:00	54925	80.19	1.06	17.15
5 月 4 日 22:00	56734	79.62	1.74	17.04

从上面的记录数据可以看出：

a. 当原料气的进气量（标准状态）从 $4.6 \times 10^4 m^3/h$ 逐渐增加到 $5.1 \times 10^4 m^3/h$ 的过程中，脱出的 CO_2 总量随着原料气的增加等比例增加，净化气中二氧化碳的浓度也由 0.02% 缓慢上升至 0.23%；

b. 当原料气的进气量（标准状态）超过 $5.1 \times 10^4 m^3/h$ 后，随着原料气的进气量增加，脱出的 CO_2 总量基本维持恒定，保持在约

$11000m^3/h$，净化气中二氧化碳的浓度上升速度也明显加快。

综上，当原料气的进气量（标准状态）达到 $5.1×10^4m^3/h$ 的时候，脱碳系统的处理能力已经达到上限，即脱除的二氧化碳的总量保持不变，随着原料气的进气量增大，净化气中的二氧化碳含量也随之而提高。

③ 乐东脱碳系统的通过能力分析　乐东脱碳系统原设计年处理能力为 4 亿米³，当脱碳系统的处理量超过设计量后不仅仅会导致净化气中二氧化碳的浓度升高，产生液泛等问题，严重的时候还可能会引起系统超压而导致事故的发生。

进入乐东脱碳系统的天然气从上岸后需要进行两次的压力调节，分别是上岸后的压力控制阀 PV-LA125-1/2 以及天然气分离器的进口压力控制阀 PV-LA316，系统中各容器的设计压力如表 4-16 所示。

表 4-16　乐东系统各容器设计压力

容器名称	段塞流捕集器	过滤分离器	天然气分离器	脱碳吸收塔	脱水吸收塔
设计压力/MPa	4.0	4.0	4.0	3.6	3.6

从系统脱碳能力测试结果中可以看出，当脱碳系统的过流量达到 5.6 万米³/h 的时候，几个关键设备的压力为：上岸的压力为 3.57MPa，段塞流捕集器的压力为 3.47MPa，天然气分离器压力为 3.35MPa，脱碳吸收塔出口压力为 3.19MPa，压缩机进口管汇压力为 2.95MPa。重要节点压力值如图 4-17 所示。

图 4-17　重要节点压力值

从图 4-17 中可以看出，脱碳系统的进口压力为 3.35MPa，脱碳系统的出口压力为 2.95MPa，此时进口压力已经接近脱碳吸收塔的设计压力 3.60MPa，因此系统的通过能力也是限制系统能力提升的一个主要因素。

结合测试记录的数据，将管道输气模拟天然气在系统中的流动，按照管道输气天然气流量与差压的关系：$Q^2 = K (P_Q^2 - P_Z^2)$，计算在不同流量下系统各个关键设备的压力值，如表4-17所示。

表4-17　各重要节点压力计算值

原料气进气量 （标准状态）/（m³/h）	上岸压力/ MPa	天然气分离器压力/ MPa	压缩机入口管汇压力/ MPa
63408	3.70	3.46	2.99
61701	3.66	3.44	2.99
60099	3.63	3.42	2.99
58594	3.60	3.40	2.99
57176	3.58	3.38	2.99
56471	3.56	3.37	2.99

综上所述，乐东脱碳系统的能力还受系统的过流能力的影响，如果按照吸收塔进口压力为3.40MPa计算，脱碳系统的最大处理量约为5.8万米³/h。

（4）MDEA系统脱碳能力的影响因素分析

MDEA脱碳系统通过溶液与原料气在脱碳吸收塔内的逆向接触，在物理和化学吸收的作用下，原料气中的二氧化碳被MDEA溶液吸收和脱吸。随着溶液中二氧化碳的含量上升，当其浓度达到MDEA溶液的二氧化碳平衡浓度的时候，溶液对二氧化碳的吸收速度和脱吸速度相等，即溶液二氧化碳浓度达到饱和，在该工况下MDEA的脱碳能力达到最大值。由于MDEA溶液的循环量受到设备（半贫液泵和贫液泵）的限制，要提高系统的脱碳能力，就需要提高溶液中二氧化碳的平衡浓度。

MDEA溶液的二氧化碳平衡浓度受到溶液的温度、二氧化碳分压、MDEA浓度、活化剂浓度、贫液再生效果等因素的影响。

① 进吸收塔溶液的温度　乐东脱碳系统采用的是两段吸收的方式，进入吸收塔的溶液分别由贫液和半贫液两部分组成。两段吸收过程中，入塔气体经半贫液洗涤（物理溶解式吸收为主）后，其中的二氧化碳含

量一般设计取值为 4%～6%，残余的二氧化碳将由贫液来完成吸收（主要是以穿梭理论为机理的化学吸收）。

a. 入塔的贫液温度影响如下：

ⅰ 贫液入塔温度上升→富液出吸收塔温度上升→全塔胺液平均温度上升→单位体积胺液平衡溶解度与单位胺液吸收二氧化碳能力下降→出塔净化气二氧化碳含量上升；

ⅱ 贫液入塔温度上升→闪蒸气量占比/再生阶段入塔胺液温度均上升→单位二氧化碳再生热能耗下降；

ⅲ 综合胺液吸收速率、最优化的胺液吸收能力、单位产品能耗等因素，贫液入塔温度以 55～60℃为宜。

b. 出塔的富液温度影响如下：二氧化碳在胺液中的溶解度以 60℃为拐点温度，即胺液 60℃以上更有利于二氧化碳的脱吸，但胺液温度大于 83℃时解吸速度会明显加快，二氧化碳的脱吸，特别是在胺液输送管道、阀后压力下降处、溶液换热器中的大量脱吸，将因二氧化碳的气蚀而导致胺液中铁离子含量上升，溶液中固体颗粒物含量上升，进而引发胺液发泡，不利于吸收，因此富液出吸收塔适宜温度为 60～83℃，一般操作工艺指标为 78～82℃。

目前乐东脱碳系统的贫液进塔温度为 56℃，半贫液进塔温度为 74℃，富液的出塔温度为 81℃，均处于厂家技术人员设计的合理范围。因此在系统溶液温度控制上已经达到最优状态，不需要进一步调整。

② 贫液再生效果　再生煮沸器出口胺液温度的高低，直接左右入塔贫液中二氧化碳含量和单位贫液脱除二氧化碳能力，此温度上升使贫液中二氧化碳残余量下降，单位贫液吸收二氧化碳能力上升，出塔二氧化碳含量下降，但使再生供热量上升/再生塔顶热负荷上升。一般生产工艺指标控制为 108～121℃。

目前乐东脱碳系统的贫液出再生塔的温度控制在 114℃左右，处于一个比较理想的数值，不需要进一步调整。

③ MDEA 浓度　MDEA 溶液的吸收过程中，水、MDEA、活化剂都是缺一不可的，合适的溶液浓度对系统的脱碳能力有着举足轻重的影响。其中，MDEA 浓度在 350～550g/L（35%～55%）范围内，随着浓

度的上升，溶液酸气负荷上升，单位溶液吸收二氧化碳的能力上升。

不同 MDEA 溶液浓度下二氧化碳的平衡溶解度如表 4-18 所示。

表 4-18　不同 MDEA 溶液浓度下二氧化碳的平衡溶解度

MDEA 浓度/%	CO_2 平衡溶解度 [在 0.5MPa（绝压），70℃下]/(m^3/m^3)	相对吸收速率
20	30.4	—
30	40.4	0.74
40	49.2	0.91
50	57.0	1.0
60	62.8	1.05

从表 4-18 可见，随着溶液浓度的增加，吸收能力的增加越来越小，而溶液浓度过高，其黏度上升较快，质量传递速率降低，溶液在填料中的停留时间增加，压差增大，同时由于水的减少，缩短反应时间。浓度过低，溶液的吸收能力大大下降，溶液循环量增加，能耗上升，二氧化碳残留量增加。

2015 年 5 月 4 日东方终端二期脱碳系统的溶液浓度为 33.93%，通过对过滤器反洗排出溶液进行回收提浓，进行了一系列关于 MDEA 浓度的变化与溶液脱碳能力的测试。东方二期脱碳测试记录如表 4-19 所示。

表 4-19　东方二期脱碳测试记录

时间	进气流量/ 万米^3	原料气 CO_2 含量/%	净化气 CO_2 含量/%	MDEA 浓度/%	脱碳量/ 万米^3
2015 年 5 月 4 日 15:00	8.2	28.2	7.5	33.93	2.38
2015 年 5 月 5 日 9:00	8.5	27.8	7.6	35.81	2.27
2015 年 5 月 5 日 15:00	8.7	28.9	8.8	36.06	2.61
2015 年 5 月 6 日 9:00	8.8	28.4	9.1	37.61	2.39
2015 年 5 月 6 日 15:00	8.8	28.5	10.2	39.2	2.44
2015 年 5 月 7 日 9:00	8.7	27.89	8.14	38.78	2.40
2015 年 5 月 7 日 15:00	8.7	28.26	8.28	40.78	2.51

从表 4-19 可以看出，当 MDEA 溶液的浓度从 33.93% 上升至

40.78%的时候，系统脱出二氧化碳的量由 2.38 万米³/h 上升至 2.51 万米³/h，系统脱碳能力提升 5.48%。

④ 活化剂浓度　在 MDEA 脱碳过程中，活化剂在表面吸收 CO_2 反应生成羟酸基，迅速向液相传递 CO_2，生成稳定的碳酸氢盐，而活化剂本身又被再生。实践证明，在脱碳溶液中添加少量的高效活化剂，溶液性能将得到显著改善，不但可以增进脱碳的传质效率，而且可以提高其吸收能力和解吸速率。

PZ 活化剂首先由 BASF 公司发明，不腐蚀碳钢，使用中无须添加价格昂贵的缓蚀剂，能充分发挥 MDEA 两大长处（即不腐蚀和节能显著），但与 CO_2 的反应速率不快，添加量稍大，一般单独使用量为 3%～4%。

王金莲等的研究结果显示，$m(\text{MDEA}) : m(\text{PZ}) = 1 : 0.4$ 时具有较好的吸收和再生性能，PZ 添加量达到一定值后，MDEA＋PZ 混合液的再生就不再受 PZ 相对浓度的影响。

从文献以及厂家提供的资料均显示，活化剂的浓度维持在 4% 时效果最佳。而在现场实际添加过程中，一直严格按照 10∶1 的比例进行添加，即当系统中 MDEA 浓度维持 40% 左右的时候，活化剂的浓度基本维持在 4% 左右，基本处于最优范围。2015 年乐东脱碳系统溶液活化剂量化验数据记录如表 4-20 所示。

表 4-20　乐东脱碳系统溶液化验记录

时间	MDEA 浓度/%	哌嗪浓度/%	备注
2015 年 5 月 11 日	38.23	3.01	
2015 年 5 月 4 日	38.66	3.06	
2015 年 4 月 26 日	40.41	2.91	
2015 年 4 月 18 日	40.93	2.86	
2015 年 4 月 11 日	36.87	2.65	添加新溶液
2015 年 4 月 1 日	38.33	2.85	
2015 年 3 月 24 日	39.28	2.93	
2015 年 3 月 4 日	39.36	2.86	
2015 年 2 月 24 日	38.17	2.84	
2015 年 2 月 13 日	38.22	2.89	
2015 年 2 月 7 日	37.68	2.92	

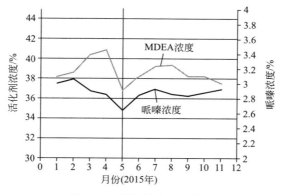

图 4-18　活化剂浓度示意图

从图 4-18 及表 4-20 可以看出，溶液中的活化剂浓度和 MDEA 浓度基本成比例变化，但是活化剂的浓度一直低于添加时候的百分比。2015年 5 月 10 日，化验员取新的纯 MDEA 40mL，加入新活化剂（哌嗪）4g，加入脱盐水配成共 100mL 的溶液。将其充分搅拌混合均匀后加热至约 90℃，待冷却后用日常化验方法测量溶液中活化剂含量为 3.97％（质量分数），与理论计算值 3.80％接近。此次试验证明，我们日常化验中采用的化验方法是正确的，日常化验测量出来三套脱碳装置溶液中的活化剂含量是真实可信的。

试验时，将 400mL 活化 MDEA 溶液加入高压釜，升温至 160℃后保温，纯度为 99％的二氧化碳气体经过过滤后进入高压釜，保持釜内的压力为 1MPa。开动釜内搅拌器，搅拌电压保持在 60V。经过一定的时间间隔，由取样口内取出 10mL 液体样品，用气相色谱仪分析其中活化剂和 MDEA 含量的变化。

气相色谱分析结果表明，MDEA 的含量在误差允许范围内基本不变，即可认为 MDEA 是不降解的。在 36h 之内，哌嗪含量由 3％降至1.98％，平均降解了 34％，且在前 6h 内降解非常显著，下降了 12％，随着时间的延长，降解趋于缓慢。

活化剂在系统的运行过程中会产生一定的降解，导致活化剂的浓度相对于 MDEA 浓度偏小（由于试验的参数与乐东实际的操作参数存在一定的差异，试验中采用 160℃ 再生，现场实际采用的是 125℃ 的蒸汽再生，故本书中的试验结果仅作一定的参考）。目前乐东脱碳系统的 MDEA 溶液浓度一直维持在 38%，活化剂浓度一直维持在 3% 左右，基本处于合理的范围，至于活化剂的浓度提升至 4% 后，系统能力的提升需要进一步试验才能得出。

⑤ 二氧化碳分压　在循环量一定的情况下，系统二氧化碳的脱除能力与溶液中二氧化碳溶解度有直接关系。气体在液体中的溶解度除了与气体和液体的性质有关外，还与气体的分压有关。因此，原料气中二氧化碳的分压也是影响系统二氧化碳脱除能力的一个重要因素。

二氧化碳的分压与溶解度的关系曲线如图 4-19 所示。

从图 4-19 可以看出，在同一温度下，随着二氧化碳分压的增加，溶液中二氧化碳的溶解度持续上升，即通过调整乐东脱碳系统天然气的组分（提高二氧化碳的浓度）能提高二氧化碳的分压，进而提高脱碳系统的处理能力。原料气组分如表 4-21 所示。

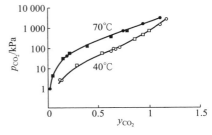

图 4-19　二氧化碳的分压与溶解度的关系曲线

表 4-21　原料气组分

原料气组分	甲烷/%	二氧化碳/%	氮气/%
东方脱碳原料气组分	57.49	26.84	14.57
乐东脱碳原料气组分	65.63	19.14	13.95

2015 年 5 月 13 日通过将原东方脱碳系统原料气导至乐东脱碳系统，提高原料气中的 CO_2 分压，对乐东脱碳系统进行能力测试，测试数据如表 4-22 所示。

表 4-22　系统脱碳能力测试

时间	吸收塔压力/MPa	半贫液流量/(m³/h)	贫液流量/(m³/h)	原料气CO_2含量/%	净化气CO_2含量/%	原料气流量（标准状态）/(m³/h)	净化气流量（标准状态）/(m³/h)	脱出CO_2量（标准状态）/(m³/h)
08:54	3.01	495	96	26.84	0.10	58658	43012	15646
09:00	3.06	489	95	26.56	1.21	57206	42590	14616

由表 4-22 可以看出：当乐东脱碳单元原料气进气 CO_2 含量升高后，脱碳单元的脱碳能力在短时间内有较大提升。从该测试过程中可见，再生状况良好的溶液在乐东吸收塔中吸收能力（标准状态）可以达到 $15646m^3/h$。

系统的脱碳能力，由吸收塔的 MDEA 溶液吸收能力和再生塔的 MDEA 溶液再生能力两部分组成。

该测试过程中受生产供气平稳要求的限制，为了把乐东脱碳单元原料气流量加大，需要减少给管输公司较多的供气量，东方装置海管上岸压力上涨较快，于是测试时乐东脱碳单元进气量达到 $5.8×10^4m^3/h$ 的时间只有 15min 左右。因为此前原料气流量只有约 $4×10^4m^3/h$，半贫液和贫液再生的效果还比较好，吸收 CO_2 能力较强，所以当原料气流量刚开始加大至 $5.8×10^4m^3/h$ 的时候，净化气中 CO_2 含量较低。而如果稳定原料气进气量至 1h 以上，贫液和半贫液再生效果可能会降低，吸收 CO_2 能力将会下降，从表 4-22 中两组相差 6min 的数据也可以看出此趋势。如果要得到具体乐东再生塔对高浓度 CO_2 溶液的解吸再生能力的数据，需要具备上下游配合等条件时再做测试。

（5）脱碳吸收塔填料的选型对脱碳效果的影响

二氧化碳的脱除全部在脱碳吸收塔内完成，而吸收塔内的填料则是核心构件，它是气液两相进行热和质交换的场所，为气液两相间热、质传递提供了有效的相界面，其性能的优劣是决定填料塔操作性能的主要因素。表征填料特性的数据主要有：

① 比表面积（a）　比表面积即单位体积填料层所具有的表面积（单位为 m^2/m^3）。大的比表面积和良好的润湿性能有利于传质速率的提高。对于同种填料，填料尺寸越小，比表面积越大，但气体流动的阻力也要增加。

② 空隙率 ε　空隙率即单位体积填料所具有的空隙体积（单位为 m^3/m^3），代表气液两相流动的通道情况，ε 大，气液通过的能力大，一般 $\varepsilon = 0.45 \sim 0.95$。

③ 堆积密度 ρ_p　堆积密度即单位体积填料的质量（单位为 kg/m^3）。填料的壁要尽量减薄，以降低成本，同时可增大空隙率。

④ 其他 表征填料特性好的还有机械强度大，化学稳定性好以及价格低廉。

填料的种类很多，根据装填方式的不同，可分为规整填料和散堆填料两大类。规整填料是一种在塔内按均匀几何图形排布、整齐堆砌的填料，由许多具有相同几何形状的填料单元构成。散堆填料在随机乱堆过程中具有一定程度规则排列的特点，因而压降低、通量大、液体分布均匀、操作弹性大。但是与规整填料相比，规整填料更具有效率高、压降低、处理量大、气液分布均匀、持液量小、放大效应不明显、操作弹性大等一系列优点。

流动参数 FP 是塔处理性能的一个重要指标，常与气相负荷因子 C_s 和等板高度 HETP 一起对塔型（塔板、散堆填料和规整填料）进行判断。其计算公式如下：

$$FP = \frac{L}{G} \sqrt{\frac{\rho_L}{\rho_C}} , \quad C_s = u_G \sqrt{\frac{\rho_L}{\rho_L - \rho_G}}$$

式中　L——液相质量流率，kg/h；

G——气相质量流率，kg/h；

ρ_L——液体密度，kg/m³；

ρ_G——气相密度，kg/m³；

u_G——气相流速，m/s。

当 FP=0.02～0.1 时：塔板和散堆填料具有大致相同的分离效率和通量；规整填料的效率比塔板和散堆填料要高 50%；当 FP 从 0.02 增长到 0.1 时，规整填料通量优于塔板或散堆填料的百分比从 30%～40% 降至零。

当 FP=0.1～0.3 时：塔板与散堆填料有大致相同的分离效率和通量；规整填料的分离通量与塔板和散堆填料非常相近；当 FP 从 0.1 增长到 0.3 时，规整填料与塔板和散堆填料相比，效率从高出 50% 下降到高出 20%。

当 FP=0.3～0.5 时：塔板、散堆填料和规整填料的分离效率和通量均随 FP 值的增加而降低；规整填料的效率和通量下降最快，散堆填料最慢；当 FP=0.5 及压力为 2.76MPa 时，散堆填料的效率和通量最高，规整填料最低。

东方终端乐东脱碳装置正常运转参数如表 4-23 所示。

表 4-23　乐东脱碳装置正常运转参数

贫液循环量/ (m^3/h)	富液循环量/ (m^3/h)	溶液密度/ (kg/m^3)	原料气处理量 （基准状态）/(m^3/h)	原料气密度/ (kg/m^3)
90	500	1000	50	1.05

经过计算，乐东脱碳装置流动参数分别为 0.34 和 0.06，规整填料的效率相对于散堆填料高约 20% 以上。

乐东脱碳吸收塔采用的是散堆扁环填料，在吸收塔的上段一共有两个直径为 2.2m、高 5m 的散堆填料层，在吸收塔的下段一共有两个直径为 3.04m、高 6m 的散堆填料层。经计算，总的填料体积为 124m^3。若按照目前市场规整填料价格为 5000～8000 元/m^3 计算，填料原料成本约为 90 万元。

以上仅仅是一个初步的计算，还不能完全作为填料更换的依据，需要严格的核算。如果将散堆填料更换为规整填料，由于不同填料的各项参数不同，规整填料的高度需要重新进行计算并进行填料的选型，才能最终进行经济计算。

（6）溶液换热器在处理流程中位置的变更

① 现行胺液流程设计　脱碳吸收塔底部吸收 CO_2 后的 MDEA 富液（3.17MPa，81℃），经过半贫液透平泵能量回收后（0.9MPa，80.5℃）进脱碳闪蒸塔释放出吸收的烃类气体和部分 CO_2，脱碳闪蒸塔底出口 MDEA 富液进脱碳再生塔上段进一步常压解吸，在脱碳再生塔内与来自汽提段的蒸气逆流接触，大部分 CO_2 被解吸，脱碳再生塔上段半贫液（74℃）大部分经半贫液泵提升后进脱碳吸收塔中部，少部分经溶液泵提升与贫液在溶液换热器中换热到 100℃后进脱碳再生塔汽提段进行完全再生。完全再生后的 MDEA 贫液（114℃）由脱碳再生塔底流出，在溶液换热器中与脱碳再生塔中部来半贫液换热，温度降至 78℃再经贫液冷却器冷却到 56℃后进贫液泵，增压至 4.0MPa 进脱碳吸收塔上段。

② 胺液流程设计改进完善分析　贫富液换热器冷流体可改为闪蒸后的全部胺液，这样冷流体量可增加到 450m^3/h，可提高冷侧传热膜系

数，更有意义的是，显著提高出重沸器热胺热能回收率，提高再生全塔胺液再生温度，并进而有利于贫液/半贫液中残余二氧化碳的下降，对提高装置处理能力、两泵进口侧叶轮保护与平稳运行有利，在降低装置热能耗的同时，由于热贫胺出贫富液换热器温度的下降，可进一步降低贫液冷却器循环水用量。

经核算，贫富液换热器相关参数如下：

热贫液：进口 0.06MPa/114.4℃，出口 0.04MPa/77.6℃。

再生塔上部出液：进口 0.46MPa/73.2℃，出口 0.44MPa/98.8℃。

热负荷：4700kW。

换热面积：308m²。

热负荷核算：$Q = 100\text{m}^3/\text{h} \times 1024\text{kg/m}^3 \times 0.85\text{kcal/(kg} \cdot \text{℃)} \times$
$$(98.8℃ - 73.2℃)$$
$$= 2228224\text{kcal/h} = 2587.2\text{kW}$$

平均传热温差：$\Delta t_\text{m} = (114.4 - 98.8) - (77.6 - 73.2)/\ln 15.6/4.4$
$$= 8.85(℃)$$

总传热系数：$K = 2228224/308 \times 8.85$
$$= 83.727[\text{kcal/(m}^2 \cdot ℃ \cdot \text{h)}]$$

其中，1cal＝4.1840J。

4.1.6.3　改进后胺液流程设计预期经济效益估算

（1）改进后胺液流程设计后贫富液换热器换热面积

按同行业流程经验数据，闪蒸后胺液压力为 0.9MPa，温度由 78℃升至 85.5℃，溶液总循环量为 450m³/h 计算：

$Q = 450\text{m}^3/\text{h} \times 1024\text{kg/m}^3 \times 0.85\text{kcal/(kg} \cdot ℃) \times (85.5℃ - 78℃)$
$$= 2937600\text{kcal/h}$$

热贫胺出贫富液换热器温度为 80℃，改进胺液流程设计后，贫富液换热器换热面积：
$$S = 2937600/9.97 \times 250 = 1178(\text{m}^2)$$

上式中，平均传热温差 9.97℃，总传热系数取 250kcal/(m² · ℃ · h)。

（2）改进胺液流程设计后年节能效益估算

$$\Delta Q = (2937600 \text{kcal/h} - 2228224 \text{kcal/h}) \times 8000 \text{h/a}$$
$$= 709376 \text{kcal/h} \times 8000 \text{h/a}$$
$$= 567500.8 \times 10^4 \text{kcal/a}$$

相当于节约标准煤（按 5000kcal/kg 计），约 1135t 标准煤/a。

通过测试实验及理论分析，摸清了乐东脱碳系统实际运行情况以及可挖掘的潜力，根据运行测试结果，可以实现脱碳系统二用一备（乐东脱碳和一期脱碳互相切换）。

4.1.7　旁滤流程改造优化

4.1.7.1　背景介绍

东方终端目前有三套脱碳系统在运行，2014 年 9 月乐东脱碳系统出现严重的发泡、液泛现象，经过一个多月的处理后恢复正常。通过这次事件发现，引起 MDEA 溶液出现发泡、液泛的主要因素为固体颗粒（固体颗粒的主要成分是活性炭和 FeS 等）和含油。东方终端脱碳系统设计有一套旁滤流程长期运行，帮助去除系统中的固体颗粒和含油，主要包括颗粒过滤器、活性炭过滤器和袋式过滤器，但没有达到预期设计的目的。MEDA 溶液过滤原装置工艺如图 4-20 所示。

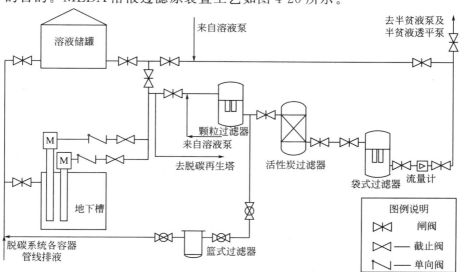

图 4-20　MEDA 溶液过滤原装置工艺

4.1.7.2 改造方案

为解决 MEDA 溶液中固体颗粒和含油的问题，东方终端经过多方调研和测试，决定对原有的 MEDA 过滤系统进行改造，将原来的袋式过滤器更换为装有 $5\mu m$ 滤芯的五联过滤器，该过滤器能够在线反洗，能够很好地过滤 MEDA 溶液中存在的固体颗粒，并通过在线反洗实现过滤器的自净，能够减小开罐更换过滤器的频率。将原来的袋式过滤器安装到地下槽泵出口，过滤回收的 MEDA 溶液。MEDA 溶液过滤装置改造后的工艺如图 4-21 所示。

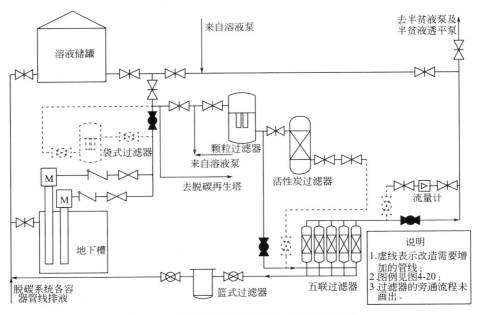

图 4-21　MEDA 溶液过滤装置改造后的工艺

4.1.7.3 改造效果

安装五联过滤器后，MEDA 溶液中的固体颗粒含量从 $358mg/L$ 降低到 $125mg/L$，由于 MEDA 溶液的过滤采用的是旁滤系统，在前期固体颗粒含量很高的情况下要降低固体颗粒含量到一个较低的水平，循环过滤还需要持续很长时间才能完全清除固体颗粒，但通过测试，安装五联过滤器后，固体颗粒含量明显下降，MEDA 容易起泡的问题已经得到控制，说明改造是成功的。

东方终端 MEDA 系统溶液前期操作管理认识的不足，导致溶液中出现高浓度的固体颗粒和油类，解决这一问题最为直接的方式就是更换系统内所有的 MEDA 溶液，但是由于每套脱碳装置的 MEDA 溶液数量庞大，如果进行更换需要的费用高昂，而且溶液更换过程需要的时间很长，会直接影响设备的正常运行。终端人员根据多方调研和测试，提出了使用更为有效的五联脱过滤器，对过滤系统设备改造简单易行，费用很低。该装置能够通过持续的反洗方式保证过滤器的长期有效运行，持续降低 MEDA 溶液固体颗粒度和油类，杜绝 MEDA 溶液出现液泛和发泡问题，保证脱碳系统的正常运行。

 节能管理良好实践

4.2.1 稳定生产促节能

4.2.1.1 日常操作管理

脱碳系统的日常操作情况与装置能耗关系密切。一是做好脱碳系统日常化验工作，包括：溶液 MDEA 浓度分析，贫液中二氧化碳的含量分析，富液中二氧化碳的含量分析，半贫液中的二氧化碳的含量分析，MDEA 发泡试验分析，铁离子浓度分析，活化剂浓度分析，净化气中二氧化碳的含量。发泡试验是一个非常重要的试验，一旦溶液发泡：一方面，导致系统容器液位大幅度波动，导致液泛现象；另一方面，发泡溶液夹带大量二氧化碳气体进入泵体，极易造成离心泵的气蚀。通过分析溶液中铁离子浓度的变化情况，可以预知系统中设备与管线的腐蚀情况，如果系统中铁离子浓度持续上升，则应对脱碳系统防腐方面进行整体分析。二是要加强脱碳系统的运行参数的监控，严格按工艺要求对系统参数进行控制，发现异常情况后，一定要尽快查找原因，并能举一反三，采取措施防止类似情况的发生。三是加强脱碳系统的日常巡回检查工作，准确记录设备运行数据，每天中控主操及生产监督对巡检数据进行检查，争取第一时间发现问题。四是严格按工艺要求控制运行参数，尤其是控制好系统各容器的液位及再生塔重沸器溶液的温度，减少蒸汽、水、电的消耗。

东方终端三套装置自运行以来，不断摸索节能运行方法，并于2015年开始通过优化控制参数，减少能耗设备运行台数，每年节能量折合约1000t标准煤。

（1）优化工艺参数，减少热媒炉启用台数

① 项目背景　东方终端主要处理来自东方1-1、乐东22-1和乐东15-1平台的天然气和凝析油，上岸天然气经过脱烃、脱碳及脱水后，经压缩计量外输至下游用户。凝析油设计处理能力共计172m³/d，实际处理量共计约45m³/d。凝析油经换热、闪蒸、稳定处理合格后进入三个400m³凝析油储罐，并定期外运。凝析油处理流程如图4-22所示。

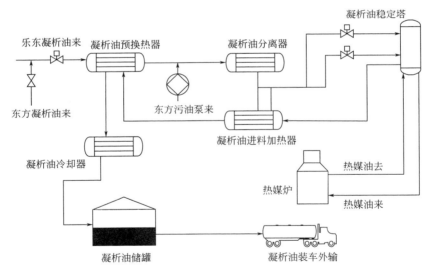

图4-22　凝析油处理工艺流程

终端在设计之初就建有两套凝析油处理装置，均采用燃气热媒炉对凝析油进行加热以脱除不稳定轻烃，降低饱和蒸气压。正常生产时，乐东平台产凝析油进乐东凝析油处理装置，东方平台产凝析油进东方凝析油处理装置，为保证外输凝析油质量合格，需保持凝析油稳定塔温度恒定，这要求两套凝析油处理装置的热媒炉一直处于运行状态。但随着生产年限的增加，凝析油处理量减少，处理时间不连续，热媒炉在很长时间内处于空转状态，造成能源的极大浪费。为此终端根据实际生产情况及现场工艺流程，通过简单流程改造、工艺参数优化和生产管理制度改进，在保证凝析油正常处理的同时，停运东方凝析油处理装置热媒炉，只运行乐东凝析油处理装置热媒炉，以实现减少自耗气用量，节省用电量，达到节能降耗的目的。

② 管理节能内容

a. 工艺流程更改　终端两套凝析油处理装置在建造时，建有一条 2in（1in＝0.0254m）互通管线，导通互通隔离阀，让东方凝析油进乐东系统处理，实现整个终端凝析油的集中处理。

b. 工艺参数优化　终端外输凝析油要求含水≤0.5％，饱和蒸气压≤70kPa，由于稳后凝析油密度较小（相对密度 0.7 左右），按照设计参数，凝析油稳定塔控制温度为 153℃，压力为 0.4MPa，凝析油分离器压力为 0.7MPa。终端通过多次实践，调整控制参数，把凝析油稳定塔温度控制为 135℃，压力控制为 0.3MPa，凝析油分离器压力控制为 0.55MPa，经化验，外输油品质量合格。通过这一调整，降低了热媒炉的热负荷，减少了燃料气消耗。

c. 工作制度改进　凝析油主要来源为上岸段塞流捕集器，在实际生产操作过程中，每个班次可集中处理凝析油 1～4 次，每次处理约 10t，耗时约 4h 左右。基于这一实际情况，在两套凝析油处理装置连通后，终端改进工作制度错开两套装置处理时间，以实现减少热媒炉空转时间的目的。

③ 节能效果分析　停运东方终端一套热媒炉系统后，根据生产日报统计，每天平均可以减少燃气量约 750m³，一年可以节省 750×360＝270000（m³），经济效益约 30 万元。因热媒炉风机停运减少用电量 1.75×24×360＝15150（kW·h），停运行热媒循环泵可减少用电量 11×24×360＝95040（kW·h），合计年节电 110190kW·h，年节省电费约 0.90×110190＝9.92（万元）。

根据 $1 \times 10^4 \, m^3$ 天然气折算为 11tce 计算，那么该项目年节省天然气可折算标煤为 $27 \times 11 = 297$ （tce）；根据 $1 \times 10^4 \, kW \cdot h$ 电折算为 1.229tce 计算，那么该项目年节电可折算标煤为 $11.0190 \times 1.229 = 13.54$ （tce）。该项目合计年节能量约为 310tce。

通过实施凝析油处理系统管理优化后，在保证凝析油正常处理的前提下，大幅减少了燃料气和电力消耗，降低了操作、维修工作量，具有较好的经济效益，同时节能减排效果明显。

（2）优化工艺参数，减少天然气压缩机启动台数

① 项目背景

a. 项目概述　东方终端总共有三台 Solar 公司生产的 C40 型透平压缩机组，采用"两用一备"的运行方式，以确保对下游用户的供气稳定。通过压缩机的增压功能，将经过脱碳后的天然气压力由 2.8MPa 增压至 5.0MPa，输送至下游管输公司。

终端初期外输天然气量保持在 $13 \times 10^4 \, m^3/h$ 左右，两台透平压缩机的 NGP 分别为 93.6% 和 92.2%，NPT 分别为 77.3% 和 82.3%，烟气温度分别为 555℃ 和 580℃，平均燃料气总耗量达 63100m^3/d。

b. 存在问题　目前外输管输公司的气量不足 $10 \times 10^4 \, m^3/h$，而单台压缩机的设计处理能力为 $10 \times 10^4 \, m^3/h$。在目前工况下启用两台压缩机之后 NGP 分别为 86% 和 86%，NPT 分别为 70% 和 65%，两台机组均保持低负荷运行状态，未能达到压缩机的最佳运行工况，致使压缩机的效率降低，自耗气量增大，并且增大了机组的保养频率。

② 管理节能内容　2014 年初，东方终端响应总公司节能减排号召，针对管输用气减少到不足 $10 \times 10^4 \, m^3/h$ 的情况，将透平压缩机由原来"两用一备"的运行方式更改为"一用两备"。此后压缩机的 NGP 提高至 95.7%，NPT 提高至 90.2%，烟气温度为 590℃，燃料气用量减少为平均 42457m^3/d。

③ 节能效果分析　东方终端改变压缩机运行方式以来，单台透平压缩机运行状况良好，系统压力和外输气量稳定。将透平压缩机由原来"两用一备"的运行方式更改为"一用两备"后，每年能节省燃料气 $(63100 - 42457) \times 365 = 753.5 \times 10^4$ （m^3），按照向管输公司销售天然

气的价格计算，由此每年带来的经济效益近 700 万元。

东方终端通过改变透平压缩机的工作方式，根据生产实际情况将透平压缩机由原来"两用一备"的运行方式更改为"一用两备"，每年能减少自耗气 $753.5 \times 10^4 m^3$，节能减排效果明显。

4.2.1.2 MDEA 溶液管理

MDEA 溶液的运行管理是一项长期的工作，尤其需要持续控制 MDEA 溶液的发泡，确保天然气脱碳装置的稳定节能运行。

（1）MDEA 溶液发泡的原因分析

① 表面活性剂　来自平台的天然气含有少量缓蚀剂、泡排剂等表面活性剂，进入 MDEA 溶液后容易引起溶液发泡。

② 固体颗粒　MDEA 溶液体系中的固体颗粒主要为 FeS 和活性炭颗粒。

③ MDEA 溶液的降解产物　原料气中的氧、一氧化碳、二氧化碳等能与醇胺发生化学反应，生成不可再生的降解产物。

④ 重烃类　再生塔发泡、冲塔的主要原因就是来自井口天然气中所含碳四以上的重烃类物质在塔内蒸发。

⑤ MDEA 溶液氧化与热降解并形成的热稳定性盐

a. 氧化降解　氧化降解是天然气中存在氧和氧化物导致 MDEA 溶液发生较强烈的降解反应，特别是处理炼厂酸性气体时经常发生。发生的反应主要是乙醇胺基团和氧的反应，生成各种有机酸，如乙二酸、甲酸、乙酸等，最终形成相应的羧酸盐。与此同时，MDEA 的氧化降解产物还会产生一种具有较强腐蚀性的有机酸（二羟乙基甘氨酸）。

b. 热稳定性盐　天然气中的一些杂质（CO_2、O_2、COS、CS_2 等）与醇胺反应，生成一些在加热条件下不能再生的盐。热稳定性盐除了主要由醇胺降解变质产生外，还来自其他途径，如气田开采过程中或工艺水中采用的一些化学添加剂，如盐酸、硫酸、硝酸、磷酸等。这些酸性物质或多或少进入胺液处理系统，都可能导致生成盐酸盐、硫酸盐、硝酸盐、磷酸盐等热稳定性盐。热稳定性盐的总量应不超过溶液量的 0.5%，一旦某种类型的热稳定性盐超过一定浓度，就会形成明显危害。

常见的热稳定性盐的限量要求：

草酸盐、亚硫酸盐：250mg/L。

硫酸盐、甲酸盐：500mg/L。

硫氰酸盐、乙酸盐：1000mg/L。

硫代硫酸盐：1000mg/L。

降解产物的不断积累不仅造成胺的损失，有效胺浓度下降，而且使pH值逐渐下降，加剧了胺液的腐蚀性，改变了溶液的黏度、表面张力等而引起发泡。

⑥ 管道腐蚀　天然气脱碳装置中的部分管线采用碳钢材质，管线腐蚀会有大量铁离子被带入系统，导致 MDEA 溶液受到污染。

⑦ 天然气中含有 H_2S　天然气中含有的 H_2S 会与 MDEA 溶液发生反应，降低 MDEA 溶液的有效成分，这也是一种污染。同时，Fe 也会与原料天然气中的 H_2S 发生反应生成 FeS，而 MDEA 溶液与天然气在吸收塔内逆向接触的过程中，少量的烃类物质会溶解于 MDEA 溶液中，有研究表明，当溶液中存在能促进烃类物质吸附的物质（如 FeS）时，烃类物质便成为一种较强的稳泡剂，会造成 MDEA 溶液发泡严重。

⑧ 地下槽敞口设计　设计地下槽时，为避免碳钢材料的腐蚀，采用了不锈钢材质，但设计时没有考虑到大气中的氧对 MDEA 溶液的影响，地下槽设计为敞口，造成排放的 MDEA 溶液在地下槽内与氧接触而受到污染。

（2）预防醇胺溶液发泡的措施

为了有效预防醇胺溶液发泡，保证醇胺法装置平稳运行，工业上采用的有效措施主要有：

① 原料气分离　原料气中可能带有油污水、酸化液、泡排剂、缓蚀剂等容易引起发泡的物质，进吸收塔前必须经过容量足够大的气液分离器及原料气过滤器以脱除原料气中可能带有的固体与液体杂质。

② 溶液过滤　溶液过滤的目的是除去溶液中的固体悬浮物、烃类等杂质，目前净化厂大多采用机械过滤和活性炭过滤方式进行溶液过滤处理，对保持溶液清洁操作有重要作用。但极细的固体颗粒和活性炭颗粒仍可能存在于溶液中，同时部分消泡剂被过滤掉，这将导致产生的泡

沫不能及时消除，对装置平稳操作带来影响，故在过滤器后应适时补加一定量的消泡剂。

③ 添加消泡剂　消泡剂是一种有机溶剂，属油相和水相的混合物，是一种乳化液，而乳化液需要比较稳定的保存环境，最好采用密封保存。消泡剂的油相为有效成分，消泡剂乳化的目的就是使油相在水相中均匀分散，如果消泡剂出现了分层，相当于破坏了分散效果，表明消泡剂已过保质期或发生变质，如果继续使用，其效果会很差。

脱碳装置即便严格按操作规程运转，仍有可能因一些不可预见的意外因素而导致胺溶液发泡。向醇胺溶液中添加少量消泡剂，能预防溶液的意外发泡。但如果醇胺溶液中起泡剂浓度过大，超过其临界胶束浓度时，起泡剂分子不仅分布在胺溶液表面，还有可能形成大量胶束进入醇胺溶液内部。加入的消泡剂分子将会被溶液中的起泡剂胶束所包围而增溶，致使消泡剂分子不能在溶液表面的液膜上铺展，造成消泡能力降低，故仅依赖于消泡剂并不能有效解决醇胺溶液的发泡问题。

消泡剂加注的方式包括消泡剂泵和消泡剂管线。消泡剂泵加注的优点为：加入量较平稳，对系统的冲击较小（消泡剂泵加注时脱碳装置闪蒸气流量波动小）；加入时不会携带杂质入系统，从而可避免 MDEA 溶液受到污染。消泡剂泵加注的缺点为：消泡剂属有机溶剂，其黏度较大且不易溶于水，易造成消泡剂管线堵塞；消泡剂泵为隔膜泵，消泡剂罐液位过低，或消泡剂泵托架及柱塞箱油位低，均会造成泵不打量，导致紧急情况下消泡剂无法加注。

消泡剂管线加注的优点为：加注简单、快捷，可多点有选择性地连接消泡剂加入点；装置突发溶液起泡、拦液现象时，可紧急添加消泡剂，消除隐患。消泡剂管线加注的缺点为：消泡剂一次性加注量大（消泡剂管线加注时脱碳装置闪蒸气流量波动大），消泡剂管线为碳钢材质，加注时有微量的铁锈混入系统；消泡剂加注管线排气口直通大气，加注时有氧气及其他杂质混入系统。

天然气脱碳装置正常运行过程中，吸收塔再生塔的压差是重要的监控指标，指标为 0.005～0.02MPa。但实际运行过程中，曾出现过吸收塔压差单独上涨、再生塔压差单独上涨、两塔压差同时上涨的情况。出现上述情况时，应根据压差变化情况调整消泡剂的加注，原则是哪个塔压差上涨就给哪个塔加注消泡剂。如果两塔压差同时上涨，应选择上涨幅度及波动幅度大的优先加注，或者是依次加注，尽量不要同时加注。

④ 定期抽检　对于组成复杂且夹带严重的天然气与操作溶液，应定期对其组成进行分析，以确定杂质的成分、降解产物的类型及热稳定性盐的累积情况，从而为分析溶液发泡的因素，及时找到发泡原因及处理提供条件。

⑤ 防止设备腐蚀　由于 FeS 杂质的形成多为 H_2S 与碳钢反应后形成，它在溶液中的累积不仅造成溶液发泡，而且能较好地稳定泡沫，使泡沫不易消除。为保证溶液的清洁，应对净化装置的钢材有效保护，从而减少由此引起的发泡。

⑥ 避免氧进入系统　装置开车前应彻底清除系统中的氧，溶液储罐等设备应用氮气保护，各泵入口必须维持正压，地下槽内溶液的温度应控制在室温以上，补充软水中的溶解氧应控制在 0.4mg/L 以下。如果系统已被氧严重污染可适量加入一些除氧剂，如羟胺类化合物、亚硫酸盐等，以除去溶液中的溶解氧。

⑦ 严格控制工艺条件　严格控制溶液中 MDEA 的含量，控制总碱度不低于 430g/L。实践证明，MDEA 含量越低，腐蚀越厉害，为了减少酸性气体的腐蚀，坚决杜绝强化生产的发生。

4.2.1.3　设备管理

东方终端脱碳装置设置有大量动设备，包括泵类设备等。脱碳装置辅助系统设备包括蒸汽锅炉、循环水泵及锅炉供水泵类等。动设备的运行状况直接影响着脱碳装置脱碳效果，东方终端严格执行湛江分公司设备分级管理、使用管理、巡检管理、切换管理、启动测试管理、运行状态监控管理等制度，确保脱碳装置设备的正常运行。

（1）设备分级管理

东方终端脱碳装置设备根据其特点分为三级，即 A 级设备、B 级设备及 C 级设备。A 级设备属关键设备，B 级设备属重要设备，C 级设备属一般设备。

a. 关键设备（A级）指发生事故（事件）后，对人员、财产、环境和油气田正常生产等构成严重威胁的设备、设施，包括蒸汽锅炉、发电机等。

b. 重要设备（B级）指发生事故（事件）后，对人员、财产、环境等构成威胁，本身价值昂贵且故障检修周期或备件采购（或制造）周期较长的设备、设施，包括半贫液泵等。

c. 一般设备（C级）指除关键设备和重要设备以外的其他设备，包括循环水泵、锅炉给水泵等。

若要改变A级设备的功能，则要报生产部审核，经湛江分公司主管经理批准后方可实施。

（2）使用管理

建立脱碳装置的设备安全操作规程、巡检维护标准、安全技术规范等，确保设备设施在使用、维护过程中得到有效的技术指导和支持。对设备设施的使用者和维护人员进行有效的培训，持证上岗，并按照相应的规程和标准使用、维护及保养设备设施。制定脱碳装置异常状况报告和处理流程，指导脱碳装置在使用过程中发生故障时的快速应对维修。脱碳装置在进行使用、巡检、维护和保养的过程中，按照相关规定做好各种记录，并有效地执行交接班制度。

（3）巡检管理

根据脱碳装置性能、工艺和安全等要求，建立脱碳装置巡检制度和规范，规范必须涵盖巡检的内容、标准、方法、周期、责任人等要素，用来指导巡检人员规范作业，确保关键设备或设备设施关键部位的状态良好。结合人力资源和能力，统筹编制巡检计划，并严格执行。对巡检计划实施情况以及巡检过程、质量和相关制度、流程的有效执行情况进行监督检查和考核。巡检人员在巡检过程中发现异常情况时，应及时组织人员处理，不能及时处理的必须明确处置方案并限时处置，重大异常问题必须以书面形式上报作业公司。及时对巡检信息进行分析和总结，为维修策略的调整提供依据。建立脱碳装置隐患管理台账，制定脱碳装置隐患改善方案和整改计划，并组织实施整改，让各种潜在危害因素处于受控状态，保证生产过程中人、物、系统等诸要素安全可靠。

（4）切换管理

制定设备设施切换管理制度和流程，并按照制度和流程组织实施设备设施切换管理。按照脱碳装置运行特点，制定设备切换规则和计划时间表。定期切换脱碳装置的动设备，确保备用设备处于完好可用状态。现场作业人员对启停和切换过程中出现的问题及时处理和上报。作业公司对设备设施切换计划时间表执行情况进行监督、检查和考核。

（5）启动测试管理

制定设备设施启动测试管理的管理制度和流程，指导设备设施的启动测试工作。间断运行的关键、重要设备启动前，维修部门安排做相应的检查维护。新增设备设施、机组大修、设备设施年检或更换关键部件后，以及使用频次较低的设备设施，按照规定的流程对设备设施进行启动测试运行，并将测试结果正确记入设备设施测试记录表中。

（6）运行状态监控管理

① 设备设施运行状态监测应用策略

a. 根据不同设备设施的特点和重要性确定不同的受控形式，如在线监测、离线监测。

b. 根据不同设备设施的特点确定不同的维修策略，如预防维修、预知维修、以可靠性为中心的维修和事后维修等。

c. 对 A 级设备设施尽可能实现状态监测，实施预防维修和预知维修相结合的管理模式，保证各类资源的有效投入，使管理中的各环节受控。

② 定期组织维修人员进行有关设备设施监测技术培训和开展技术交流活动。

③ 制定标准（"定周期""定岗位""定部位""定参数"），定期对设备设施状态进行检测、评价和分析。

④ 对比较关键、易发故障的设备，检查周期尽量保证一周检测一次，其监测过程不少于一年。数据采集器应该采用带数据库管理功能、频谱记录分析软件的仪器。

⑤ 为保证测量准确性，必须由厂家或专业机构每年至少一次对系统或测量仪器进行检查校验。

⑥ 系统分析设备设施的功能、状态，明确设备设施的系统功能、状态控制点。

⑦ 针对控制点编制设备设施维修维护四大标准，即维修技术标准、点检标准、润滑标准、维修作业标准，指导现场巡检、保养和维修活动。

⑧ 指定专业、巡检人员对设备设施控制点的功能、状态和精度实施管理，研究设备设施劣化规律，进行设备设施运行状态/故障分析，落实资材储备、费用投入。

⑨ 制定设备设施运行异常状况上报和处理流程，发现问题，制定整改措施，组织实施整改，完善设备设施功能。

⑩ 实时对设备设施运行状态进行监控，做好设备设施运行、故障分析记录，实现设备设施运行状态动态管理。

⑪ 状态监测的评价

a. 组织设备设施管理和专业技术人员依据维修维护四大标准执行情况，实施设备设施的综合评价，及时掌握设备设施的实际功能、状态和精度，评估其劣化趋势，使设备设施达到功能、状态、精度的最佳值，为设备设施变更管理提供技术依据。

b. 根据设备设施功能状态评估结果，适时调整管理策略和维修策略。

（7）故障抢维修管理

① 建立设备发生故障的应对流程，包括故障报告和处理流程，使现场设备故障信息能够得到及时的传递和处理，及时恢复设备应有的功能和正常运行，同时必须做好故障维修记录，数据记录应准确、完整。

② 组织对关键和重要设备的潜在故障进行评估，编制应急预案和处理流程，并组织演练和培训。

③ 当设备发生故障或发现存在重大安全隐患时，应按照设备故障处理流程立即组织对设备进行抢修，尽快恢复生产，并做好相应的记录。

④ 及时对设备故障原因、劣化趋势进行分析，掌握设备设施工作机件使用寿命，实施设备设施劣化倾向管理，制定设备设施同类故障再

发生防止对策。

⑤ 引入主动维修机制，对故障源头实施改善和改造，达到根除故障的目的。

（8）关键设备管理

东方终端按照国家的方针、政策，通过技术、经济和组织措施，对脱碳装置关键设备进行专业化管理，做到全面规划、合理配置、择优选购、正确使用、精心维护、科学检修，适时进行改造和更新，保持设备经常处于良好的技术状态，实现设备经济可靠运行，保障安全生产。

① 关键设备管理的基本方法

a. 关键设备管理是以依靠技术进步、促进生产发展、预防保养为主，坚持设备设计、制造、使用和维修相结合，坚持日常维护保养和计划检修相结合，坚持预防维修和状态维修相结合，坚持大修、改造和更新相结合。

b. 关键设备的运行状况、管理水平是影响东方终端生产、效益和安全环保的主要因素。关键设备的非正常运行状态应作为每日生产动态汇报的内容之一。

② 关键设备项目的管理

a. 在每年 7 月随年度计划一起，编制和上报关键设备项目年度计划，并有针对性处理日常生产过程中所发现的问题。

b. 关键设备较大规模的更新改造必须进行技术经济论证，编制可行性研究报告。

c. 关键设备更新改造可行性研究报告内容：

（a）更新改造的必要性；

（b）国内外同类设备的现状与发展趋势；

（c）有关技术标准和产品质量标准和变化情况；

（d）国内配套能力和厂家后续技术支持服务能力；

（e）更新改造计划进度；

（f）费用估算和经济效益评价等。

③ 关键设备的使用、维护和检修

a. 建立健全关键设备的操作、使用和维护保养的管理制度。

b. 关键设备的使用和维护实行严格的岗位责任制。关键设备操作人员必须达到"四懂三会"，即懂性能、懂原理、懂结构、懂用途，会操作、会保养、会排除故障。

c. 严格按照操作说明书及维护保养手册，制定关键设备操作、维护、保养程序。

d. 积极采用先进的关键设备管理方法和完善关键设备预防性维护保养制度。结合实际情况，将关键设备维护保养制度和设备的档案资料、故障诊断、维修记录结合起来，用先进的科学手段管理使用关键设备。

e. 根据各自关键设备的具体情况，建立健全关键设备检修制度，制定严格的工作程序和检修质量验收标准，并从实际出发逐步加强关键设备自修能力。

④ 关键设备安全运行和事故管理

a. 制定并完善各关键设备的安全操作规程，严禁违章操作、带病作业和超过负荷标准运行，保证安全生产。

b. 关键特种设备应按照国家有关规定，定期进行安全检测并取得相应证书。

c. 关键设备因非正常损坏造成停机或性能降低而影响生产，直接损失费用达到或超过规定标准的，均纳入关键设备事故管理。

d. 关键设备事故分为以下五类：

（a）A 级设备设施事故，直接经济损失在 1000 万元以上；

（b）B 级设备设施事故，直接经济损失在 100 万元以上，1000 万元以下；

（c）C 级设备设施事故，直接经济损失在 10 万元以上，100 万元以下；

（d）D 级设备设施事故，直接经济损失在 1 万元以上，10 万元以下；

（e）E 级设备设施事故，直接经济损失在 1 万元以下。

⑤ 关键设备节约能源和环境保护管理

a. 在购置关键设备时，应按照有关的节能法规、节能设计规范在项目技术经济可行性研究报告中体现节能要求。

b. 对无法改造的能耗较高的关键设备，应按照国家有关部门的淘汰目录与淘汰期限，按装备资产管理办法中的要求实行资产报废。

c. 在购置关键设备和实施技术改造时，应选用污染物排放量达标的设备，符合有关环保法规。

d. 在生产作业过程中，各类关键设备向大气排放的烟尘、废气浓度，向自然水域排放的废水、废液的污染物含量，应该低于国家标准，对超过标准的设备应停止使用，并及时改造或更新。

⑥ 关键设备的基础管理

a. 为了提高关键设备管理基础工作，应掌握关键设备性能和动态，做好关键设备管理综合信息平台的数据录入和维护工作，完善关键设备的信息化管理。

b. 加强和完善关键设备管理基础工作，按设备分级管理的原则，建立关键设备清单、台账，妥善保存相关的维修记录和资料证书。

4.2.1.4　应急管理

东方终端下游用户大多数是化工用户，因此当脱碳装置出现应急情况时如何快速处理是非常重要的事情。如果处理不当，可能会造成下游用户关停，也会造成天然气放空而浪费能源。

东方终端在工艺上力求创新，削减各种应急情况对下游的影响。比如，外输天然气压缩机故障关停时，脱碳系统压力瞬时升高，可能会导致安全阀起跳，去大化供气压力与组分波动，脱碳系统闪蒸塔压力剧烈降低。针对这些影响因素进行了相应的改造，修改天然气压缩机关停逻辑，将去大化的配气管线从压缩机出口改至压缩机进口，改进了脱碳装置闪蒸塔充压管线等。通过这些工艺改进，大大地削弱了压缩机关停对生产造成的影响。

东方终端在应急程序上力求创新，对各种应急情况的人员进行合理布置，制定了重要单元关停、关键阀门故障、海上来气组分波动、脱碳装置 MDEA 溶液发泡等情况发生时的应急程序，明确了应急处理时生产与维修人员各自的位置及任务。

东方终端在应急培训方面下功夫，针对不同的应急情况，组织相关人员学习讨论相应的应急程序，力求每一个生产人员清楚各种应急情况的影响程度及应急时的自身职责，培养操作人员应急能力与全局观。对新员工比较多的操作班组，组织进行应急方面的演习。

下面详细介绍乐东脱碳胺液严重发泡事件的应急处理过程。

（1）乐东脱碳胺液发泡概况

乐东脱碳装置原料气压力约 3.2MPa，原料气的 CO_2 平均含量为 18% 左右，同时含有一定量的液态轻烃组分，必须进行净化处理，以满足下游用户的需求。乐东脱碳装置设计年总处理能力达 $5 \times 10^8 \, m^3$，CO_2 脱出能力为 $0.5 \times 10^4 \, m^3/h$，对东方终端的正常生产有着举足轻重的作用。

随着海上天然气产量的迅速增加与天然气中二氧化碳组分的不断增加，以及受气井出砂、出水等因素的影响，还有溶液成分改变及设备使用年限的增加而使工况下降，2014 年 10 月该脱碳装置胺液出现严重发泡现象。脱碳设计能力、发泡前数据、发泡后数据如表 4-24 所示。

表 4-24　脱碳设计能力及发泡前后对比

项目	设计能力	发泡前运行数据	发泡后数据
天然气流量（标准状态）/（m^3/h）	5.0×10^4	2.4×10^4	停车
半贫液流量/（m^3/h）	500	480	停车
贫液流量/（m^3/h）	120	95	停车
吸收塔压力/MPa	3.35	3.03	3.03～3.30
闪蒸塔压力/MPa	0.8	0.6	0.47～0.89
吸收塔差压/kPa	<20	0.6	>210
再生塔差压/kPa	<20	0	0～27

（2）脱碳装置发泡时的现象和应急处理措施

① 脱碳装置发泡时的现象　在系统正常运转的情况下，因 MDEA 溶液浓度下降至 38.2%，决定补充新 MDEA 胺液提高浓度。2014 年 9 月 29 日向系统添加未经稀释的 MDEA $4m^3$、活化剂 250kg、缓蚀剂 50kg，2h 后吸收塔上段差压从 0.6kPa 升至 210kPa（该参数为胺液起泡的重要参数之一），塔压迅速上升，塔底液位下降。随后，脱碳闪蒸

塔压力上升，再生塔差压上升，再生塔下段液位下降，如图4-23所示。携带着MDEA溶液的气体进入下游流程，导致净化气冷却器后分离器液位快速上升，如图4-24所示。为保持系统各塔液位，补入大量的脱盐水（约60m³）。发泡造成吸收塔压力剧烈波动，下游TEG脱水吸收塔（三甘醇接触塔）安全阀漏。半贫液泵进口压力和出口流量下降，并从泵进出口排出大量气体，直至停车。

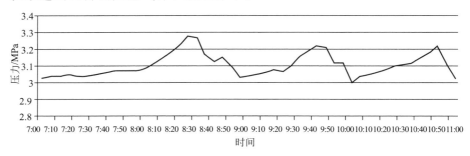

图4-23　发泡时脱碳吸收塔压力变化趋势

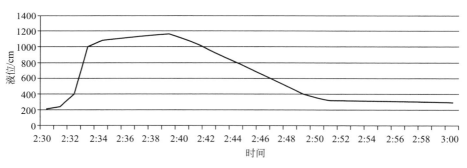

图4-24　发泡时净化气分液罐液位变化趋势

② 应急处理措施

a. 第一阶段（9月30日—10月9日）　发泡后第一时间，分两次加入消泡剂7L，无明显效果，系统停车，把再生塔下段胺液部分排至储罐，向系统加入12L消泡剂，启动系统后，胺液发泡现象仍然较严重（吸收塔安全阀起跳），再次添加消泡剂4L，兑入储罐内胺液打入再生塔，可正常启动贫液泵，溶液泵循环，溶液换热器贫液进口滤网频繁出现堵塞，系统不能正常进气处理。投用旁滤流程，在旁滤流程运行一段时间后，系统进气量为$1×10^4 m^3/h$，不能正常运行。溶液旁滤流程见图4-25。

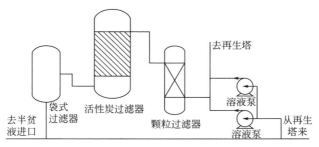

图 4-25 溶液旁滤流程

b. 第二阶段（10月10日—10月12日） 按照1∶1的比例配制消泡剂和脱盐水溶液100L，用 N_2 充分搅拌后打入系统，启动半贫液泵1h，加快消泡剂与溶液的混合速度，贫液进吸收塔温度从56℃提高到65℃，提高消泡剂活性。之后，配制1∶2比例的消泡剂与脱盐水的溶液100L分三次打入系统。

c. 第三阶段（10月13日—10月18日） 由于发泡试验结果不理想，将系统胺液全部打入储罐充分静置，通过重力沉降原理分离出油及固体颗粒物。脱碳系统设备用脱盐水升温后进行清洗，并从设备底部进行排污，直至脱盐水固体颗粒物含量为14.7mg/L，泡高<20cm，消泡时间<20s，共计清洗4次。

d. 第四阶段（10月19日—10月24日） 根据对储罐胺液取样分析可知，溶液含油约占1/8，浓度约为26%。为提高胺液浓度，防止上部沉降上浮油、分散油及下部沉积固体颗粒物二次进入系统，采取中间夹心层并小流量放入地槽，先循环过滤进一步除去固体杂质后，再按照每槽1.3m³ MDEA、64kg活化剂、1.33L消泡剂的方法补充新 MDEA 溶液，混合均匀后打入系统，累计补充 MDEA 约220桶，即44m³。将储罐顶部及底部约66m³的稀胺液进行了报废处理，中间段溶液加入系统。

启泵建立循环后，启动锅炉加热进行热态循环，降低再生塔顶压力，利用再生塔进行脱水、带油、提浓，即把 CO_2 分液罐内带少量油的水排掉。因为补水点的选择不好和 CO_2 分液罐内的水含油极低（10月24日含油为16.6mg/kg），实际上提浓期间只脱除很少的油。可考虑采用在一台回流泵进口接软管补脱盐水，泵出口接软管到闪蒸塔的贫液洗涤液补水，另一台回流泵进口接软管排放的方法脱油。

为加快胺液中杂质及溶解油的去除，投用活性炭过滤器，但在实际投用过程中，活性炭过滤器后的袋式过滤器发生破裂，导致大量活性炭粉末及小颗粒自半贫液泵进口进入系统，致使半贫泵进口胺液二次发泡而无法开启，贫液泵虽然消泡时间指标恶化，由于其浓度较高仍可维持运行，取样化验结果为固体颗粒物贫液 8291mg/L，半贫液 8449mg/L。

e. 第五阶段（10 月 25 日—10 月 29 日） 系统胺液进入储罐静置二次净化，脱碳设备用脱盐水升温后进行清洗，并从设备底部进行排污，共计 3 次。

f. 第六阶段（10 月 30 日—11 月 7 日） 10 月 30 日制作简易支架，从溶液储罐顶部放入电潜泵，抽储罐溶液夹心层液体，共计抽取 17 槽，一次性加入消泡剂 40L，之后每槽添加活化剂 75kg，循环 10min 后取样化验合格后，打入再生塔下段，第 17 槽加完后，启动贫液泵，溶液泵开始循环，循环 2h 后，启动锅炉，对系统内溶液升温。

11 月 1 日—11 月 2 日，启动半贫液泵，将 15 桶新的 MDEA 溶液加入地下槽，循环均匀后打入再生塔。继续从储罐抽取第 18 槽旧的胺液进地下槽，加入 75kg 活化剂，循环 10min，化验泡高及消泡时间合格后打入系统，之后发现溶液换热器贫液进口过滤器、贫液泵进口过滤器、贫液冷却器进口过滤器频繁堵塞，化验系统内溶液泡高及消泡时间与之前的对比发现有恶化趋势。为谨慎起见，决定暂停旧的溶液进系统，并分 3 次取 20L 消泡剂兑入 2m³ 再生塔底部溶液，充分循环后打入系统。出现溶液质量变差的原因，初步怀疑旧的胺液上部饱和油含量增加，进入系统后导致溶液质量变差。

将新溶液、活化剂兑脱盐水于地下槽混合后加入系统，此阶段累计加新溶液 138 桶，即 27.6m³。

11 月 2 日 14：30 取系统溶液化验合格后，脱碳系统开始进气试运行，原料气进气量为 $2 \times 10^4 m^3/h$。11 月 5 日取样化验，结果为 MDEA 溶液中铁离子浓度为 14.19mg/L。11 月 6 日取样化验，结果为 MDEA 溶液中含油 228mg/L。启动水力透平泵，然后将进气量提至 $4.2 \times 10^4 m^3/h$。11 月 7 日取样化验结果为 MDEA 浓度 40.21%，泡高小于 1cm，消泡时间 3s，固体颗粒物含量 435.16mg/L。

（3）胺液第一次严重发泡现象及原因分析

取溶液样品进行化验分析，溶液浓度由发泡前的 38.2％降至 28％，MDEA 贫液固体颗粒物含量为 4292mg/L，MDEA 半贫液固体颗粒物含量为 4531mg/L。取 800mL 溶液，静置 24h 以上，有油层析出，约占样品的 8％。取样静置 24h 以上的溶液分层现象见图 4-26。实测油含量为 211mg/L，均属于严重超标。

图 4-26　取样静置 24h 以上溶液分层现象

根据起泡及其过程演变发展情况，考虑正常生产时，再生后贫液温度不超过 117℃，MDEA 溶液热降解的可能性不大，原料天然气中氧含量极低，排除氧化降解可能。初步判断固体颗粒物含量超标、碳五及碳六长期在系统中累积是发泡的主因，胺液浓度较低为次因，加入浓度较高的胺液和缓蚀剂是诱因。

当向系统中加入较高浓度胺液时，高纯度溶液加注至再生塔下部直接与高温再生后贫液（114℃）混合循环，但当时脱碳系统处于低负荷运行状态（贫液循环量 95m³/h 左右），可能导致系统内的溶液浓度差异太大，很难均匀混合，再生塔下段溶液可能发生特殊变化。其表现为：混合后的溶液由贫液泵提升至吸收塔顶喷淋后产生不稳定相态，导致吸收塔上部的差压突然升高（现场已确认差压计工况正常），出现发泡现象后为保持系统液位，补入大量的脱盐水，胺液浓度降低，助长了胺液发泡的可能性，补入的 50kg 缓蚀剂进一步加速发泡。

通过取样分析，有如下结果：a. 分别对贫液和半贫液做发泡试验，结果显示泡高超量程；b. 溶液中二氧化碳含量超出正常值的两倍，判断结果为 MDEA 溶液过饱和；c. 溶液浓度不均匀，浓度最低达到 28%；d. 溶液管线管壁内杂质受高黏度溶液影响可能被刮落溶解，进而污染溶液。

（4）胺液第二次严重发泡现象及原因分析

在第一次胺液发泡现象处理过程中，为加快胺液中饱和油的去除，决定投用活性炭过滤器。在投用过程中，活性炭过滤器后的袋式过滤器发生损坏，大量活性炭粉末及固体小颗粒自半贫液泵进口进入系统导致胺液二次发泡，系统停车。

取样静置 24h，贫液、半贫液均出现脱色分层现象，如图 4-27 所示，上部胺液由黑中带绿变成淡黄色，下部为黑色乳状物。化验分析胺液浓度为 34%，泡高 15cm，消泡时间大于 2min，但 340mL 溶液仅加 0.02mL 消泡剂即可有效消泡。

图 4-27　溶液静置 24h 后

此次发泡为活性炭粉末及固体颗粒物进入系统，已加入过饱和消泡剂的胺液系统，大量小颗粒补入形成有效成核中心，引发乳化液聚结，夹带大量固体颗粒乳化物先上浮后，不断聚合后沉降，椰壳活性炭又具有一定的吸附脱色功效，引发上述结果。

（5）发泡因素及原因综合分析

① 固体颗粒物对溶液发泡的影响　固体颗粒物的含量及直径是影响 MDEA 溶液发泡的主要因素之一，特别是粒径在 $10\sim100\mu m$ 的固体颗粒物分散在溶液中的时候影响最大。据资料表明，随着 MDEA 溶液中 FeS、活性炭固体颗粒物浓度的增加，溶液的泡高增大和消泡时间增长，如表 4-25 所示。

表 4-25　固体颗粒物对 MDEA 溶液泡高及消泡时间的影响

颗粒物浓度/(g/L)	FeS 颗粒		活性炭颗粒物	
	泡高/cm	消泡时间/s	泡高/cm	消泡时间/s
0	6.5	9.8	6.5	9.8
0.05	14.6	12.4	12.4	19.7
0.1	18.1	20.85	18.7	24.7
0.25	23.4	27.5	27.6	30.1
0.4	24.2	29.6	29.3	32.7
0.5	26.7	30.8	31.8	33.5

从表 4-25 可以看出，随着 FeS、活性炭颗粒浓度的逐渐增大，MDEA 溶液的起泡性和泡沫稳定性明显增强。这是因为溶液的起泡性和稳定性与固体颗粒物在气液界面的聚结有关，聚结在泡沫双分子层液膜中的固体颗粒物增加了液膜处溶液的表面黏度和流体流动阻力，减缓溶液的排液，使得起泡不易破裂。活性炭颗粒对 MDEA 溶液泡沫的稳定性影响程度大于 FeS 颗粒的影响程度，对溶液起泡性的影响也大于 FeS 颗粒的影响，这是因为活性炭颗粒密度更小，大多数浮于溶液表面，气润湿性较差，润湿角较大，容易被泡沫黏附而聚结在泡沫双分子层液膜中，这样使泡沫相对稳定。而 FeS 颗粒密度大，部分颗粒会沉淀在溶液底部，这样对泡沫洁面性质影响较小。

根据严重发泡的 MDEA 溶液化验结果可以看出，第一次 MDEA 贫液固体颗粒物含量为 4292mg/L、MDEA 半贫液固体颗粒物含量为 4531mg/L。投用活性炭过滤器后（即第二次）固体颗粒物含量为贫液 8291mg/L，半贫液 8449mg/L，均属严重超标（标准为＜50mg/L）。

在用脱盐水对设备进行两次清洗的过程中，均从溶液换热器贫液进口滤网和地下槽清理出黑色固体物，如图 4-28 所示，其中有黑色活性炭固体颗粒物等。在对其风化晒干后，颜色变为浅黑褐色，其中有细小的沙粒、墨绿色的垢块等其他杂物，初步判断为管壁锈蚀产物与其他杂物结合在一起形成硬垢，附着在管壁、填料等上，在压力、温度、流量等外界条件的变化下脱落聚集，如图 4-29 所示。

据资料表明，含有 CO_2 的 MDEA 溶液 pH 值降低，酸性加强，加速对脱碳设备碳钢的腐蚀，产生大量的 Fe^{2+}，在再生塔中与 CO_2 反应形成碳酸氢铁盐，而这些盐不能通过机械过滤和活性炭过滤器除去，该物质带入吸收塔后，形成碳酸铁附着在设备上，在高速气流及溶液的冲刷下不断进入 MDEA 溶液中。

图 4-28　从设备清洗下来的杂物

图 4-29　从设备清洗下来的杂物风化晒干后

在系统正常运行的情况下，为什么会产生如此多的固体颗粒物呢？我们分析，主要有以下几个方面：

a. 在项目投产期间，对设备的清洗不彻底，遗留有固体颗粒物。

b. 设备、管线的钝化不理想，设备、管线产生腐蚀，增加固体颗粒物的含量。

c. 袋式过滤器故障，活性炭固体颗粒物进入系统。

d. 上游天然气携带的固体颗粒物。

② 烃类物质对溶液发泡的影响　溶液中含有烃类物质对溶液起泡性和稳定性影响不大，如表4-26所示，当向浓度为40%的新鲜MDEA溶液中加入不同量高的正己烷做发泡试验时，观察正己烷对溶液的起泡性和泡沫稳定性的影响，表明随着MDEA含油量的增加，泡高从6.5cm增至6.1cm，消泡时间变化不大。

表 4-26　正己烷浓度对溶液发泡性能的影响

正己烷浓度/%	溶液起泡高度/cm	泡沫消泡时间/s
0	6.5	9.8
0.0290	7.0	10.0
0.0570	6.8	9.6
0.0752	6.3	9.8

我们对发泡后的溶液取样化验，含油达到210mg/L，静置后可见明显油层。分析原因，主要有以下几个方面：

a. 活性炭过滤器没有投用，不能吸附掉溶液里含有的浮油。

b. 脱烃单元运行工况不好，携带少量的油进入脱碳系统。

c. 净化气分液罐、三甘醇进口分离器液体直接排入脱碳闪蒸塔，没有进行定期除油。

③ MDEA浓度对溶液发泡的影响　查找以往研究资料可以看出，随着胺液浓度逐渐从30%增大到50%，溶液的起泡高度从7.9cm下降到3.3cm，消泡时间从11.2s缩短到4.9s，具体变化趋势如表4-27所示。

表 4-27　MDEA 溶液浓度对溶液发泡性能的影响

MDEA 浓度/%	溶液起泡高度/cm	溶液消泡时间/s
30	7.9	11.2
35	7.1	10.1
37.5	6.9	9.7
40	6.3	9.4
50	3.3	4.9

在此次溶液严重发泡过程中，溶液浓度也出现了加大幅度的波动，对溶液的发泡及消泡时间有明显影响，如表 4-28 所示。从表 4-28 中可以看出，此次溶液发泡前后，MDEA 浓度从 38.5％降至 26.63％过程中，泡高从 7.5cm 增至 30cm，消泡时间从 8.3s 增长至 36s。

表 4-28　乐东 MDEA 溶液严重发泡时浓度变化对泡高及消泡时间的影响

时间	MDEA 浓度/%	发泡试验的泡高/cm	消泡时间/s
2014 年 9 月 25 日	38.52	7.5	8.3
2014 年 9 月 27 日	38.18	8.5	11
2014 年 9 月 30 日	41.59	29	36
2014 年 10 月 3 日	31.3	27	30
2014 年 10 月 4 日	28.87	29	32
2014 年 10 月 5 日	28.05	30	35
2014 年 10 月 7 日	26.66	29	35
2014 年 10 月 9 日	26.63	30	36
2014 年 10 月 11 日	26.77	21.0	>30
2014 年 10 月 13 日	27.7	15.0	>30

④ 缓蚀剂对溶液发泡的影响　添加缓蚀剂的目的是减少系统设备、管壁等的腐蚀，但对溶液的稳定性有较大影响，如表 4-29 所示，缓蚀剂的浓度从 0 逐渐增大到 0.099％，溶液泡高从 2.7cm 增大到 18.1cm，消泡时间从 2.0s 增长到 109s。

表 4-29　缓蚀剂浓度对溶液发泡性能的影响

缓蚀剂浓度/%	溶液起泡高度/cm	溶液消泡时间/s
0	2.7	2.0

缓蚀剂浓度/%	溶液起泡高度/cm	溶液消泡时间/s
0.017	3.6	12.3
0.040	12.8	49.4
0.067	17.2	102.7
0.099	18.1	109

⑤ 脱碳胺液发泡原因及措施小结

a. 固体颗粒物含量严重超标、碳五/碳六于胺液中大量过饱和积累达到一定浓度后会引发脱碳胺液严重发泡事故,对装置稳定运行造成严重影响,胺液浓度偏低运行会助长胺液发泡性。

b. 在溶液严重发泡时,向溶液中简单地添加消泡剂并不能有效解决问题。

c. 利用溶液储罐的沉降、分层效果,可较快脱去上浮油与分散油,去除较大粒径颗粒物。

d. 活性炭吸附是胺液清洁化的有效方法。

e. 再生塔顶脱水带油及胺液部分置换是胺液严重发泡应急处理的有效措施之一。

f. MDEA 浓度越低,越容易发泡。

g. 缓蚀剂浓度增高将引起泡高增加和消泡时间增长。

(6) 脱碳系统应急处理总结

① 完善日常工作制度

a. 日常化验工作增加含油、固体颗粒物项目。化验员每天分析 MDEA 的浓度,分析贫液、半贫液和富液中 CO_2 的含量,进行 MDEA 发泡试验,每周分析 MDEA 哌嗪含量、铁离子含量、颗粒物含量、含油量,加强对溶液品质监测并进行预判,及时采取措施。厂家建议,固体颗粒物浓度应低于 50mg/L。

b. 中控主操每天检查 MDEA 化验报表,对报表中发生变化的数据及时调整相关参数。

c. 每周将净化气分液罐的液体及干燥器入口分离器液体排空一次(避免分离出的液态轻烃进入溶液系统,所以将分离的液体排往凝析油系统或者开闭排）。

d. 为确保脱碳溶液的浓度均衡，在给脱碳系统补充新的 MDEA 时，必须严格控制配比，MDEA：活化剂：脱盐水＝10：1：11，按配比混合后，往地下槽排放 $3m^3$ 热 MDEA 溶液，利用地下槽泵打循环在地下槽充分搅拌均匀，而后才能注入脱碳系统。

e. 脱碳系统大修完恢复时，溶液循环、进气、升温等操作过程要平稳。

f. 尽量不要添加缓蚀剂，缓蚀剂的注入量视铁离子浓度决定，折算 MDEA 浓度为 44％的时候铁离子浓度大于 150mg/L，且上升速度较快时候，可适当添加缓蚀剂。

② 精细化设备管理

a. 保证脱烃单元的正常运转，减少重烃组分进入 MDEA 溶液。

b. 袋式过滤器、颗粒过滤器定期检查保养，准备充足的备件。

c. 缩短过滤分离器、T 形过滤器滤芯的更换周期，考虑半年进行一次检查更换。

③ 优化工艺流程

a. 投用新增五联过滤器、袋式过滤器，除去溶液中固体颗粒物，投用活性炭过滤器或者新增撇油装置，除去溶液中重烃。

b. 改造净化气分液罐和三甘醇进口分离器液相流程，由原来的排入闪蒸塔改造为排入活性炭过滤器或者撇油装置。

④ 优化工艺参数

a. 控制乐东脱碳进气量不超过 $5×10^4 m^3/h$，各套脱碳进气量都不能超过设计处理量。

b. 控制 MDEA 溶液浓度在 42％左右。

c. 保证贫液温度在 117℃以下运行，防止高温分解。

⑤ 其他

a. 化验从脱碳系统清洗出来的杂质和溶液中固体颗粒物的成分，确定来源并制定措施，防止溶液被再次污染。

b. 化验活性炭的吸附能力，考虑是否更换活性炭。

c. 进脱碳系统天然气进行固体颗粒物粒径分析，根据分析结果，确定装置过滤分离器、T形过滤器的过滤精度，更换滤芯。

d. 检查乐东脱水装置甘醇溶液中 MDEA 含量，判断脱碳系统 MDEA 溶液是否被天然气携带。

4.2.2 安全生产促节能

脱碳装置安全生产与节能关系密切，安全是最大的效益，安全也是最大的节能。东方终端严格贯彻集团公司"安全第一、环保至上、人为根本、设备完好"的安全环保理念，将安全环保理念融入日常生产工作中，营造良好的安全文化，推行"养成"教育，提高员工的安全环保意识，把安全环保管理要求转化为员工的自觉行动。

4.2.2.1 作业安全分析

（1）简介

作业安全分析（JSA）是一种常用于评估与作业有关基本风险的分析工具，以确保风险得以有效控制。作业安全分析（JSA）是针对一项工作的系统检查，通过它识别潜在危害，评定风险等级，评估预防措施对风险的控制。

JSA 不是工作场所检查或审核程序。工作场所检查是对工作场所环境的系统检查，并确认其是否与企业安全管理程序和指定的健康安全条例相一致。审核程序是对安全管理系统的系统检查，从而确认作业行为及相关后果是否符合法规政策和已建立的体系。总之，审核用来评估一套程序是否能有效达到要求的方向和目标。

JSA 是在作业前进行的，尽管它是有时作为应对伤害和职业病增长的工具。在作业计划和准备阶段，必须对危害进行识别并实施相应预防措施。必须强调的是，JSA 的焦点是检查作业本身而不是从事作业的人。作业安全分析是风险管理系统中一项重要的风险控制方法。它包括对作业中每一项基本任务的分析，从而识别潜在危害，制定完成作业的最佳方案，这一过程有时也被称为作业危害分析。

经验丰富的员工和监督会通过对作业的观察和讨论来实施 JSA，这一方法有两个明显优势：首先，它让更多有着丰富现场工作经验的员工参与；其次，相关方的参与加快了对最终工作程序的认可。

（2）实施作业安全分析的步骤

作业安全分析包括以下 5 个步骤：

a. 选择要分析的作业；

b. 将作业分解为一系列任务；

c. 识别潜在危害；

d. 制定控制危害的预防措施；

e. 与其他部门进行信息沟通。

① 步骤 1：选择进行 JSA 的作业时应考虑的要素　事实上，JSA 可适用于任何作业。然而，我们在时间和资源上受到一些限制。任何 JSA 完成后，当发生设备变更、材料磨损变化、程序变更或环境变化时，需要对 JSA 进行及时修正或重新做 JSA。基于这些原因，通常我们需要在确定哪些"工作"需要做 JSA 时，要考虑下列因素：

a. 事故、伤害和职业病统计：频繁发生事故的作业或导致伤害或职业病的作业。

b. 旷工：经常有员工因病或其他原因离岗的作业。

c. 接触有害物的征兆：作业过程中可能暴露于有害物质的环境。

d. 严重伤害或职业病隐患：存在发生事故、险情或接触有害物的严重隐患。

e. 工作变更：作业程序/过程的变更可能引发新的危害。

f. 非常规作业：员工执行非常规作业时面临巨大风险。

g. 作业因技术问题频繁中断。

h. 作业中存在额外废弃物和生产损失。

i. 作业中要求员工单独在隔离场所工作。

j. 作业工作场所存在暴力斗殴隐患。

② 步骤 2：将作业分解成一系列基础任务　单个任务是整体作业的一部分，完成作业也就是以合理的顺序完成每一个操作任务，保证以正确的顺序完成任务是至关重要的。打乱任务的次序将可能忽视潜在的危害或引起新的危害产生。在实施 JSA 时，每一个任务都要按照正确的顺序逐一记录，要注明做了什么，而不如何去做，以动词描述每一个工

作步骤。

　　需要将一项作业分解成系列任务，需要对该项作业有透彻的了解。如果任务分解得不够细致，则容易让人忽视其中的特殊操作及相关危害。另外，任务分解得太烦琐又会导致 JSA 难以实施。通常来说，绝大部分作业可以控制在 10 个任务步骤以内。如果需要更多的操作步骤，则建议将该项作业分解成两个部分，针对每个部分单独进行 JSA。

　　通常应先观察现场作业，做好分析准备工作，必须找经验丰富并有能力完成所有任务的员工来进行观察。观察小组成员至少应包括 1 名直接主管（维修监督或主操）、1 名健康安全专业人员、1 名熟练的操作人员、1 名工作负责人，这样才能保证 JSA 的完整性。

　　③ 步骤 3：识别潜在危害　　常用的识别潜在危害的方法，Kepner和 Tregoe 基于变更分析的方法，Gibson 和 Haddon 基于意外能量流和能量屏蔽的方法。

　　变更分析有助于人们认识变更在导致事故和损失中的重要作用。同时，它能帮助制定预防这些事故及损失的反变更方法。变更措施最终需要实施，有些变更是计划内的，有些是计划外的。然而有些变更措施也可能引发一些新的问题出现。在有计划的变更过程中，潜在问题可以被识别并得到控制。变更分析可以为设备、材料或程序操作中出现的计划外变更提供一套强大的安全分析方法。若不制定预防措施，则任何意外的变更都可能导致事故及损失的发生。

　　1965 年，C. H. Kepner 和 B. B. Tregoe 提出了一套用于解决生产问题的管理工具，这套变更分析技术十分适用于解决职业健康安全问题。在 20 世纪 70 年代，开发产生了"what if"的故障假设分析方法，用于识别每一个任务环节中的事故可能。一旦工作任务序列明确，就能够进一步识别出危害、后果及产生降低风险的措施。"what if"的故障假设分析方法指的是通过"如果……那么……"式的提问，为每项作业任务进行一个全面、系统的检查，通过检查对每一个确切问题做出简要描述。

　　④ 步骤 4：确定预防措施　　在 JSA 的第 4 步中，我们要确定方法消除或降低已识别的危害，包括危害控制策略、能量屏蔽方法两种方法。其中，能量屏蔽方法控制危险源、控制传播途径、控制人员（保护对象）。

这两种方法的目标均为预防伤害、职业病及其他损失。预防措施的制定有赖于 JSA 的分析结果，而不是它的实施方式（例如变更分析技术或能量屏蔽方法）。

⑤ 步骤 5：与他人进行 JSA 信息沟通　一旦确定了预防措施，就必须让参与或将要参与作业的所有员工了解分析结果。JSA 工作表中逐项罗列的文件格式并不一定是理想的沟通模式。运用 JSA 的分析结果，以逐项描述的形式制定"工作程序"将会有利于沟通实施。

（3）JSA 实施技巧

JSA 一般在控制房或作业现场进行。对于大型或复杂的任务，初始的 JSA 可以在办公室以桌面练习的形式进行。其关键是 JSA 应由熟悉现场作业和设备的、有经验的人员进行作业安全分析。JSA 通常采取下列步骤：

① 实施作业任务的小组成员负责准备 JSA，将作业任务分解成几个关键的步骤，并将其记录在作业安全分析表中。

② JSA 小组成员（通常 3～4 人）要求有相关的经验。建议：有 1 位了解作业区域和生产流程设备的操作人员，有 1 位负责实施作业小组的成员和 1 位安全专业人员。

③ 审查每一步作业，分析哪一个环节会出现问题并列出相应的危害。JSA 小组可以使用由专业人员针对具体作业任务而制定的"危害检查清单"（根据具体作业而制定）。

④ 针对每一个危害，应对现有的控制措施的有效性进行评估。

⑤ 对于那些需要采取进一步控制措施的危害，可通过提问："针对这项危害，如何预防与控制？我们还能做些什么，以将风险控制在更低的范围?"。考虑在分析单内增加进一步的控制措施。

⑥ 审查完所有作业步骤后，安全主管、协调员或经理应将所有已识别的控制措施在安全分析工作表中列出，包括作业危害、控制要求、在作业期间谁负责实施执行等。

⑦ 安全主管、协调员或经理应将所有 JSA 文件存档，如果某项作业任务以后还可能进行，应考虑建立 JSA 数据库，以备将来审查时借鉴和使用。

⑧ 负责该项作业任务的监督，应确保在审批该项作业许可证时作业安全分析表和作业许可申请单附在一起。

⑨ 作业任务的监督负责向所有参与作业的人员介绍作业危害，控制措施和限制（通常通过作业前安全会），确保所有控制措施都按照 JSA 的要求及时实施。

4.2.2.2 事故隐患管理

为规范东方终端脱碳装置安全生产事故隐患管理，贯彻"安全第一，预防为主，综合治理"的方针，控制和消除由于物的危险状态、人的不安全行为、管理方面的缺陷等引起的事故，加强事故隐患的整改与监控，将可能造成的事故防患于未然，促进安全生产，及时排查治理事故隐患，东方终端制定了事故隐患管理细则。

（1）事故隐患分类

事故隐患分为一类事故隐患、二类事故隐患、三类事故隐患。一类事故隐患指终端不具备隐患整改条件，需报作业公司协调资源（包括费用、人员、物资、装备等）整改的事故隐患。二类事故隐患指东方终端班组不具备隐患整改条件，终端能协调资源整改的事故隐患。三类事故隐患指东方终端班组具备隐患整改条件并实施整改的事故隐患。

（2）事故隐患排查和报告

① 东方终端员工在日常工作中发现事故隐患应立即向主操报告，班组能整改的立行整改，不能立行整改的向终端总监报告。主操要在安全检查记录本中做好员工上报的隐患排查和整改记录。

② 班组每周、终端每月至少组织一次隐患排查，班组、终端应通过日常检查、专项检查、节假日前检查、季度检查等方式开展事故隐患排查。排查内容包括：人的不安全行为、物的危险状态、管理上的缺陷等。

③ 终端接到班组事故隐患报告或自查发现事故隐患后，应立即组织监督、主操到现场查看，对事故隐患进行分析，属于三类事故隐患的由班组组织整改，属于二类事故隐患的由终端组织整改，属于一类事故隐患的应报告作业公司。

④ 作业公司接到终端事故隐患报告后，应组织相关岗位经理、主

管对事故隐患进行分析，属于一类事故隐患的由作业公司组织整改。

⑤ 终端在日常检查、专项检查、节假日前检查、年中（终）检查排查出事故隐患时，与事故隐患所在班组分析讨论确定事故隐患类别，属于二类、三类事故隐患的，终端下发《事故隐患整改通知书》要求班组限期整改，属于一类事故隐患的，终端编制整改方案报作业公司审核并申请整改资源。

⑥ 终端在事故隐患整改完成前，落实防范措施，防止事故发生。

⑦ 对排查出的重大事故隐患，终端填写《重大事故隐患报告表》和编制重大事故隐患整改方案报作业公司。整改方案内容包括：治理的目标和任务；采取的方法和措施；经费和物资的落实；负责治理的机构和人员；治理的时限和要求；安全措施和应急预案。

（3）事故隐患整改管理

① 对于一类事故隐患，终端将事故隐患整改方案报作业公司审查，审查通过后申请整改资源并组织整改。

② 对于重大事故隐患，终端需在事故隐患部位设置隐患治理公告牌，公告事故隐患情况、主要危害、整改措施、整改期限、防范措施、责任单位、责任人等信息。

③ 终端建立《事故隐患整改台账》，实行零报告制度，每月随安全月报一起上报作业公司。

④ 终端每周在作业公司例会上通报事故隐患排查整改情况。

（4）事故隐患关闭

① 事故隐患的关闭一般按照"谁发现，谁验证，谁关闭"的原则进行，对排查出的二类、三类事故隐患整改完成后，发现人在《安全检查记录本》中签字确认关闭；一类、二类事故隐患还应由安全监督现场确认验证。

② 作业公司下发《事故隐患整改通知书》中的事故隐患和挂牌督办的重大事故隐患整改完成后，东方终端将事故隐患整改完成情况报告书报作业公司验证。

③ 终端下发《事故隐患整改通知书》中的事故隐患整改完成后，班组需将事故隐患整改完成情况报告书报安全监督验证关闭。

4.2.3　节能精细化管理

4.2.3.1　活性炭全生命周期管理

天然气脱碳系统是一个复杂的工艺系统，系统的平稳运行受到原料气携带的少量缓蚀剂等表面活性剂、重烃、胺液溶液的氧化降解产物以及系统的腐蚀产物等多方面因素的影响。胺液的净化工作是脱碳系统安全运行的重要保障，因此在脱碳系统设计中，有专门负责去除这些影响因素的活性炭过滤器等设备的旁滤系统，活性炭可以吸附胺液中细小颗粒物和重烃组分，确保脱碳系统不出现液泛、发泡等影响正常运转的问题。活性炭是一种具有丰富孔隙结构和巨大比表面积的碳质吸附材料，它具有吸附能力强、化学稳定性好、力学强度高等特点。活性炭全生命周期的管理，包括活性炭选型、投运前的预处理和失效更换的全过程监控，正确的选型可以提高系统净化效率，合理的预处理可以延长活性炭的寿命，及时更换失效的活性炭可以确保胺液系统的正常运行，活性炭的全生命周期管理是一个科学的管理手段。

（1）活性炭的选型

活性炭是一种经过气化（炭化、活化），具有丰富孔隙结构和巨大比表面积的炭质吸附材料。活性炭选型应考虑的因素：吸附物质成分、应用环境、工艺条件、活性炭材料特性、经济效益等。

天然气脱碳系统根据选型因素及经验，建议选择圆柱形椰壳颗粒活性炭，规格为颗粒 $4 \sim 8$ 目，$\phi 4 mm$，强度大于 97%，碘吸附值 $\geqslant 1000 mg/g$，比表面积 $1500 m^2/g$，灰分 $\leqslant 5\%$，水分：$\leqslant 10\%$，圆柱形，物理化学性能指标符合国家相关标准，无杂质、无粉尘。比表面积和强度是关键指标，直接影响活性炭的吸附效率。

（2）活性炭预处理

① 活性炭填装前处理　活性炭在填装前必须进行预清洗工作，也就是筛、淘、晒三个步骤，是对到货的活性炭在填装前进行的预清洗，主要是减少装填后的清洗工作量。其主要工作就是用水槽将活性炭用脱盐水通过筛、淘清洗多遍，最后晾晒干净，最终确保破碎的活性炭去掉

杂质及活性炭表面的灰尘清洗干净，即直到清洗的水基本无黑色为止。

对活性炭过滤器进行通风、防腐及清洗干净，按照要求进行填充，保证内部附件安装到位，瓷球等填充物按照顺序填装。

② 活性炭水洗浸泡过程　活性炭在填装完成后投用前需要进行用冷脱盐水清洗、热水浸泡、胺液闭式循环等工作。特别是用热脱盐水（80～85℃）对活性炭浸泡，使其孔隙扩张达到最优吸附效果。

a. 冷脱盐水清洗时，就是让脱盐水从上部注入下部排放，最终观察出水口的水比较清澈时，取活性炭过滤器进出口冷脱盐水，用新鲜胺液配成1%～3%的稀胺液做发泡试验，泡高及消泡时间达到要求即可。

b. 热水浸泡时，向活性炭过滤器打入80～85℃的热脱盐水，由过滤器上部进入，从过滤器下部排液处接管拉至一定高度再排至地沟，保证热脱盐水浸泡活性炭清洗。浸泡24h化验合格后，放尽脱盐水。在浸泡过程中，每8h取样做化验（记录现场实际化验数据）第一个8h取活性炭过滤器进出口热脱盐水用新鲜胺液配成1%～3%的稀胺液做发泡试验，进出水泡高20cm，进水消泡时间135s，出水消泡时间195s；第二个8h取出水用新鲜胺液配成18%的稀胺液做发泡试验，泡高小于5mm，消泡时间约2s；第三个8h取样做化验，取出水用新鲜胺液配成18%的稀胺液做发泡试验，泡高小于5mm，消泡时间约2s，化验结果与第二个8h基本一致，符合要求。

c. 胺液封闭循环，放尽过滤器内热脱盐水，回装顶部人孔。向地下槽放入再生塔下段胺液，经过地下槽泵、颗粒过滤器、活性炭过滤器再到地下槽打闭式循环，循环48h，每过8h取样做泡高试验，首次取样循环30min，化验泡高约2mm，消泡时间约2s。化验结果显示，溶液经过活性炭过滤器循环之后发泡状况是安全的，于是可以投用活性炭过滤器。

（3）活性炭投运步骤

① 经过活性炭浸泡步骤及化验合格后就具备了投运条件，缓慢打开活性炭过滤器进口阀，保持较小开度给活性炭充胺液，出口阀关闭，同时打开活性炭过滤器顶部排气。活性炭过滤器充满液体后（通过顶部的排气阀进行判断），关闭顶部排气阀，打开活性炭过滤器出口阀。

② 投用活性炭过滤器配套使用的五联过滤器，注意检查氮气和脱盐水的压力。五联过滤器正常投用后，通过旁滤出口控制阀调节旁滤系统的流量，初期流量控制在 5m³/h 以下。取旁滤各个过滤器出口的溶液观察并进行发泡试验测试，确保进入系统的溶液化验数据正常。低排量运行 24h，确保活性炭加热完全，加大旁滤系统的循环量至 10m³/h 左右。调整排量后运行 10min 左右，取活性炭出口的溶液观察并进行发泡试验测试，确定达到要求。

（4）活性炭失效更换

由于活性炭的吸附性能将随着吸附物饱和后呈现下降直至失效，脱碳系统的活性炭没有再生功能，所以操作人员将按照化验制度严格对溶液含油、颗粒物进行化验。脱碳系统正常情况下活性炭使用寿命大概是 3～5 年，在活性炭运行后期，将从系统溶液的化验参数和活性炭进出口溶液的化验参数，以及定期检查活性炭过滤器上游和下游的胺液样本、下游采样显示出的颜色、泡沫化趋势等方面考察。如果进出口没有明显改善，应该更换新活性炭。

（5）填装活性炭填料案例

① 填装过程

a. 在填装活性炭前先对活性炭进行预清洗工作 2015 年 7 月 30 日至 8 月 1 日，乐东终端脱碳装置累计清洗 400 包 25kg/包活性炭，共计 10000kg。活性炭预清洗示意图如图 4-30 所示。

(a)　　　　　　　　　　　　　　　(b)

图 4-30　活性炭预清洗示意图

b. 活性炭过滤器准备　对活性炭过滤器进行通风，检测合格后进行防腐和清洁活性炭过滤器内部残渣。

c. 填装活性炭过程

（a）安装支撑栅板及丝网，安装支撑栅板及丝网示意图如图 4-31 所示。

图 4-31　安装支撑栅板及丝网示意图

（b）添加底层瓷球（厚度 17cm，瓷球直径 10mm，质量 1.25t），添加底层瓷球示意图如图 4-32 所示。

图 4-32　添加底层瓷球示意图

（c）安装上层丝网及压板，下部人孔回装，安装上层丝网及压板示意图如图 4-33 所示。

图 4-33　安装上层丝网及压板示意图

（d）填装活性炭（高度约 4.5m，质量 10t，约 21m³），填装活性炭如图 4-34 所示。

图 4-34　填装活性炭示意图

（e）填装顶层瓷球（瓷球厚度 17cm，瓷球直径 10mm，质量 1.25t）。

② 水洗浸泡过程

a. 在投用前需要用脱盐水水洗填装后的活性炭，用热脱盐水（60～80℃）对活性炭过滤器中新添加活性炭使用热水浸泡，使其孔隙扩张达到最优吸附效果。锅炉水添加稳定剂，为尽可能清洁锅炉蒸汽系统化学药剂的存留，将锅炉、除氧器内的凝结水排空，停锅炉水稳定剂加药泵，旁通凝结水回收器，软水罐内清洁脱盐水直接经过凝结水泵给除氧器补水然后再排空，锅炉给水泵通过除氧器给锅炉供水清洗。系统每次排污取样化验颗粒度、氯离子、pH 值。

锅炉、除氧器取样化验：

（a）锅炉：pH 9.33，磷酸根 0.36mg/L。

（b）除氧器：pH 7.35，磷酸根 0.006mg/L。

化验合格，锅炉加热的热脱盐水可以使用。

b. 清洗地下槽及水洗活性炭　填装活性炭之后，活性炭过滤器需要进行用冷脱盐水清洗、热水浸泡、胺液闭式循环等工作，所以需进行脱碳地下槽清洗。地下槽清洗完成后，往地下槽放入脱盐水，用脱盐水经过地下槽泵、颗粒过滤器、活性炭过滤器排至水沟对活性炭进行清洗。地下槽清洗示意图如图 4-35 所示。

图 4-35　地下槽清洗示意图

c. 清洗过程中观察出水口的水比较清澈时，取活性炭过滤器进出口冷脱盐水，用新鲜胺液配成 1%～3% 的稀胺液做发泡试验，记录泡高及消泡时间。

d. 向活性炭过滤器打入 80～85℃ 热脱盐水，由过滤器上部进入，从过滤器下部排液到地下槽管线处接管拉至一定高度后排至地沟，保证热脱盐水浸泡活性炭清洗。浸泡 24h，化验合格后，放尽脱盐水。

e. 在浸泡过程中，每 8h 取样做化验。新鲜胺液配液示意图如图 4-36 所示。

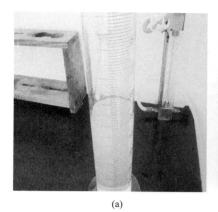

(a)   (b)

图 4-36　新鲜胺液配液示意图

③ 活性炭过滤器投用后状况

a. 五联过滤器差压问题

（a）2015 年 8 月 15 日至 2015 年 8 月 25 日阶段　8 月 15 日旁滤中的颗粒过滤器和五联过滤器投用，五联过滤器处于频繁反洗状态。8 月 17 日按计划往活性炭过滤器内充入溶液，同时系统为保持各塔液位补充脱盐水。此时化验 MDEA 浓度，由原来的 38％下降至 31％。由于溶液浓度过低，加大发泡风险，决定先提高溶液浓度再投用活性炭过滤器。分别于 8 月 20 日、8 月 21 日往系统中添加 MDEA 溶液 20 桶。8 月 25 日系统溶液化验结果显示提升到 38％，遂将活性炭过滤器投入使用。

（b）2015 年 8 月 26 日至 2015 年 8 月 28 日阶段　在投用活性炭过后，五联过滤器的差压一直停留在 3～5kPa，之后连续两天停留在 5kPa 没有变化，为确保系统的安全运行，防止因为五联过滤器破损导致系统的事故发生，及时停止旁滤的运行。

（c）2015 年 8 月 29 日至 2015 年 8 月 31 日阶段　对五联过滤器进行拆检，发现五联过滤器的滤芯无破损，且外表比较干净，次日对五联过滤器进行了回装。五联过滤器示意图如图 4-37 所示。

8 月 31 日投用旁滤系统，溶液走颗粒过滤器和五联过滤器，旁通活性炭过滤器，五联过滤器的差压上涨明显，1.5h 内五联过滤器的差压上涨了 150kPa，证明五联过滤器的差压表工作正常，滤布过滤有效，

图 4-37　五联过滤器示意图

五联过滤器运行状况正常。证明在投用活性炭过滤器之后，五联过滤器低差压属正常情况。

8月31日下午再次投用活性炭过滤器，流量为11m³，旁滤系统颗粒过滤器、活性炭过滤器、五联过滤器运行正常。投用之后，五联过滤器差压3.5kPa。投用5天，五联过滤器没有进行反冲洗。运行至9月5日，五联过滤器压差上升至28.0kPa。

b. 溶液颗粒度和含油分析　活性炭过滤器投用后，从取样结果可见溶液色度和浑浊度都有了显著提升。经化验，溶液的颗粒度与含油量明显发生持续下降，如表4-30所示。

表 4-30　溶液颗粒度和含油分析

时间	2015 年 8 月 17 日	2015 年 9 月 1 日	2015 年 9 月 5 日
颗粒度/(mg/L)	115.7	86.2	48.5
时间	2015 年 7 月 26 日	2015 年 8 月 25 日	2015 年 9 月 5 日
含油量/(mg/L)	86.17	73.58	38.71

（6）活性炭过滤器良好实践小结

活性炭在装填前必须进行筛、淘、晒三个步骤，在投运前还需进行脱盐水（＜10μS/cm）浸泡清洗，有条件的可进行脱盐水浸泡爆破清洗，直到排出来的水基本无黑色为止。

① 活性炭投入应缓慢进行，根据闪蒸量的变化逐步加大其过滤量，

这样做既有利于延长活性炭过滤器的使用周期，在系统出现发泡迹象时又能及时调整过滤量而消除系统发泡。

② 为了防止活性炭被堵塞和活性炭过滤器内吸附的悬浮物质进入系统，无论前级还是后级过滤器，只要有走旁通的情况，必须将活性炭停运。

③ 定期进行检查活性炭过滤器上游和下游的胺液样本、下游采样显示出的颜色、泡沫化趋势，如果没有改善时，应该更换活性炭。

④ 过滤器的压降应加以监测，压差增加通常表明堵塞。

⑤ 放空口应定期检查，以消除残留的气体。

4.2.3.2　脱碳系统精细化管理

东方终端实施了系列脱碳精细化管理工作，具体如下：

① 详细事件记录和深入分析总结　《东方终端脱碳系统应急指南》中对于乐东脱碳系统整个发泡处理过程进行了分段描述，详细记录了整个事件的经过，并对处理过程中采用的处理措施进行了详细的分析，对每个处理措施的效果进行了总结和分析，对以后的现场实际操作和应急处理具有指导意义。

② 规范日常操作　对溶液的添加、缓蚀剂的添加、系统投用等常规操作进行了详细的明确，保证系统平稳运行。

③ 完善工作制度　制定了日常化验工作的内容和周期，以及系统关键参数的检测等工作制度。

④ 提出设备精细化管理　对于严重影响脱碳系统的关键系统和设备，提出了精细化管理内容。

⑤ 工艺流程和操作参数的优化　对系统溶液进行的工艺流程提出了改造意见，对系统重要的操作参数进行了明确，对以后的正常操作提供了指导意见。

第5章
东方终端节能持续改进分析

5.1 脱碳工艺闪蒸罐压力优化

在脱 CO_2 吸收塔中吸收 CO_2 后的富液首先进入闪蒸罐（塔），塔顶分离出的闪蒸气经闪蒸气压缩机升压后进入再生气冷却器，与再生气混合后重新进入脱 CO_2 吸收塔底部进行脱 CO_2 回收，生产脱碳气。因此，闪蒸气中 CO_2 含量对脱 CO_2 吸收塔负荷有一定影响。

根据 DCS 显示，东方二期富液经过透平降压进入闪蒸罐时的压力为 0.65MPa，压降为 2.4MPa，此时从闪蒸罐顶部逸出气体为 1464kg/h，其中 CO_2 摩尔分数为 53.1%，CH_4 摩尔分数为 37.7%，回收 280kg/h CH_4 气体。通过模拟计算，压降与闪蒸气组成变化的灵敏度分析如图 5-1 所示。从图中可以看出，随着压降的增加（即闪蒸罐分离压力降低），CH_4 和 CO_2 在闪蒸气中总量不断增加，而 CO_2 含量在 2.3MPa 压降后迅速上升，CH_4 增长则保持平稳。

由灵敏度分析可知，在现有分离压力下，循环闪蒸气含碳量

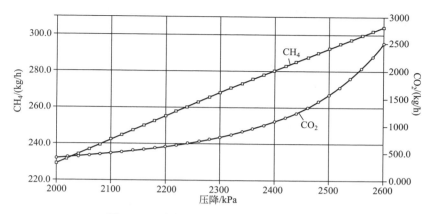

图 5-1　压降与闪蒸气组成变化灵敏度分析

（37.7％）超过原料气（28％）。如果需要增加循环闪蒸气含烃量，可适当减小压降（增加闪蒸罐压力），当压降为 2.3MPa（分离压力为 0.75MPa）时，循环闪蒸气含烃量与原料气进脱碳塔含烃量接近（55％），可减小吸收塔脱碳负荷。若需要尽可能多地回收甲烷，可适当增大压降（减小闪蒸罐压力），当压降为 2.6MPa（分离压力为 0.45MPa）时，循环闪蒸气含烃量为 310kg/h，可回收 40m³/h 甲烷（1280m³/d 脱碳天然气），此时绝大部分甲烷气体被回收。

终端可根据实时脱碳量对工艺进行灵活调整，当上游气体酸气负荷较低，吸收塔脱碳能力有富余及净化天然气含碳量远小于 1.5％时，可适当减小闪蒸罐压力，回收更多甲烷。

5.2　脱碳装置贫富液循环量优化

由脱碳系统工艺特点可以看出，增加半贫液循环量可以减少贫液循环量，从而降低再生塔塔底再沸器负荷，但会降低吸收塔脱碳效果。为了研究在不同贫液/半贫液组成条件下，吸收塔吸收效果和再生塔负荷之间的关系，对脱碳吸收解析流程进行了模拟分析。

由 DCS 数据可知，东方终端脱碳系统循环贫液为 $200 \text{m}^3/\text{h}$，半贫液为 $1145 \text{m}^3/\text{h}$。根据模拟结果显示，此时净化天然气 CO_2 摩尔分数为 0.002%，再生塔塔底负荷为 $5.1 \times 10^7 \text{kJ/h}$。若假设贫液/半贫液总流量为定值 $1345 \text{m}^3/\text{h}$，通过改变贫液流量，我们可以分别得到在不同贫液/半贫液配比下，净化天然气含碳量及再生塔能耗。图 5-2 为不同贫液流量与净化气 CO_2 摩尔分数的关系，从图可以看出，随着贫液流量增加，净化气中 CO_2 含量迅速下降，当贫液为 $70 \text{m}^3/\text{h}$、半贫液为 $1275 \text{m}^3/\text{h}$ 时，CO_2 含量达到 1.5%；当贫液为 $100 \text{m}^3/\text{h}$、半贫液为 $1245 \text{m}^3/\text{h}$ 时，CO_2 含量达到 0.01%。同样，通过模拟可以得到贫液流量与再生塔底再沸器负荷灵敏度的分析，如图 5-3 所示，随着贫液流量增加，再沸器负荷呈线性增加。

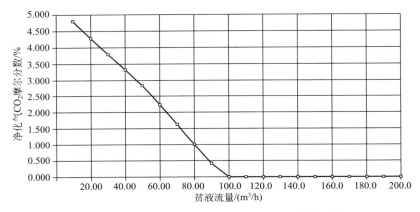

图 5-2　贫液流量与净化气 CO_2 摩尔分数灵敏度分析

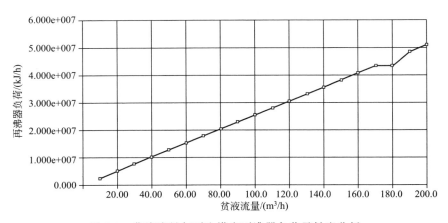

图 5-3　贫液流量与再生塔底再沸器负荷灵敏度分析

由分析可得，吸收效果中，贫液流量的拐点在 $100m^3/h$ 左右，若将贫液流量减小到 $100m^3/h$，半贫液流量增加到 $1245m^3/h$，吸收塔脱碳效果仍保持较高水平。另外，再生塔再沸器负荷随贫液流量降低基本呈线性下降。因此，贫液流量由 $200m^3/h$ 降至 $100m^3/h$ 时，再生塔能耗基本降低一半。

需要特别说明的是，由于脱碳工艺实际数据相对匮乏，且采用的脱碳溶剂中部分强化剂组分不清晰，模拟计算和实际工况可能存在差异，终端工作人员可以根据实际情况进行逐步操作调优。

5.3 脱碳装置优化平台以及引进先进控制系统

天然气脱碳是终端处理过程的重要耗能环节之一，也是天然气终端处理成本的重要构成部分。天然气脱碳的目的是满足销售气中 CO_2 的含量要求。当前东方终端有两种原料气，其组成存在差异：销售气中，送往大甲醇和合成氨厂的天然气 CO_2 含量高，送往电厂的天然气 CO_2 含量低；终端拥有的脱碳装置，在工艺和设备配置方面存在差异。对于东方终端而言，不同的原料天然气和不同的销售气之间如何匹配，如何合理调度脱碳路径和负荷，以及脱碳程度对降低终端生产费用非常重要。因此，开发完整的终端生产系统调度和优化平台对终端节能降耗增效和提升管理水平尤为重要，应当专项考虑。

终端可以引进先进过程控制（advanced process control，APC）技术，采用科学、先进的控制理论和控制方法，以工艺控制方案分析和数学模型计算为核心，以工厂控制网络和管理网络为信息载体，充分发挥集散控制系统（DCS）和常规控制系统的潜力，保证生产装置始终运转在最佳状态，以获取最大的经济效益。相比于传统的控制技术，先进控制技术可以实现复杂被控过程的自动控制，能够有效稳定装置操作，减轻操作负荷，提高产品质量，降低生产成本，提高控制水平。

对于终端脱碳装置闪蒸罐压力的先进控制，可以设定优化目标：（CH_4回收价值－脱碳能耗增加成本）取得最大，被控变量为"脱碳天然气CO_2含量不大于1.5％"，操作变量为"闪蒸罐压力"，通过控制操作变量以达到优化目标。

对于贫/富液循环量优化控制，可设定优化目标：贫液的量达到最小，被控变量为"脱碳气CO_2含量不大于1.5％"，操作变量为"贫液的量、半贫液的量"。

通过先进控制的引入，将脱碳优化系统和脱碳装置的控制系统视为一个整体，随时根据实时数据执行优化计算，计算结果自动传到控制系统，控制系统则按照优化结果立即实施控制。

5.4 凝析油稳定塔及导热油炉用能综合优化

5.4.1 凝析油稳定系统现状分析

5.4.1.1 稳定塔运行工况分析

终端有两套凝析油稳定系统，以东方处理设施为例，段塞流捕集器（V-A102）、过滤分离器（V-A203）、天然气分离器（V-A204）等设备分离出的凝液进入凝析油稳定单元。为避免凝析油节流温降过大，进凝析油分离器（V-B102）前增加换热及调压，凝析油先与稳定后凝析油换热到30℃，经调压阀调压至0.7MPa进入凝析油分离器闪蒸，闪蒸后的天然气作为终端低压燃料气。闪蒸后的凝析油分为两部分，一部分经凝析油进料加热器（E-B103）与凝析油稳定塔底稳定凝析油换热，升温后至120℃（DCS为78℃）从凝析油稳定塔（T-B106）中部进料；另一部分作为冷回流从凝析油稳定塔上部进料。凝析油稳定塔重沸器（E-B107）温度控制在193℃（DCS为124℃），塔底稳定凝析油进入凝析油进料加热器（E-B103）与中间进料换热，温度降低到135℃（DCS

为 89℃），再进入凝析油预换器（E-B101）与进料凝析油换热到 124℃，然后进入燃料气换热器（E-B104）和凝析油冷却器（E-B105）冷却到 40℃后进入凝析油储罐。凝析油稳定塔顶闪蒸气经东方已建火炬分液罐去低压火炬燃烧放空。

目前东方处理设施凝析油稳定系统日处理量 38m³/d，由于凝析油流量与设计值偏差较大，只能间歇操作。稳定塔再沸器使用热媒油炉加热的导热油作为热源，热媒油炉耗气 360m³/d。乐东处理设施凝析油稳定单元与东方相似，稳定塔底温度为 104℃（DCS 实时数据），日处理量约合 20m³/d。由于流量较小，同样只能进行间歇处理，每日工作时间为 5～8h，热媒油炉耗气 374m³/d。经分析，当前凝析油稳定系统主要用能不合理之处如下：

① 两套凝析油稳定系统由于日处理量小，只能进行间隙处理，每日工作时间为 5～8h，由于在凝析油稳定塔非工作状况时再沸器需要维温以保证稳定塔可以随时启动，所以造成了额外的能量浪费；

② 凝液的量受段塞流捕集器液位控制，导致凝液稳定系统的处理量波动，尽管处理负荷低下，但是在现有流程下无法调控；

③ 由于负荷低，操作不连续，导致稳定塔进料温度低，塔底再沸器负荷大。

5.4.1.2 稳定塔进料温度分析

分馏塔进料温度的高低及合理性直接决定分离效率和再沸器的热负荷。东方终端的两个稳定塔进料温度与设计温度对比如表 5-1 所示。由表中数据可知，稳定塔进料温度显著低于设计温度，这不仅增加了稳定塔再沸器的热负荷，导致热媒炉负荷增加，同时增加了稳定凝析油的冷却负荷。因此，稳定塔进料温度同样存在优化空间。

表 5-1　稳定塔设计进料温度与运行工况对比

稳定塔	东方	乐东
编号	T-B106	T-LB105
设计工况	连续	连续
实际运行	间歇	间歇

稳定塔	东方	乐东
设计热进料温度/℃	120	91
实际热进料温度/℃	78	37

5.4.1.3 导热油炉运行分析

东方、乐东处理设施共有两套凝析油稳定系统，配备四个导热油炉，两开两备，其中乐东（三期）的导热油炉同时给三甘醇脱水系统提供热量。东方导热油炉 H-G101A/B 设计负荷 250kW，运行排烟温度 275℃，实际热效率低于 80%；乐东导热油炉 H-LF01A/B 设计负荷 350kW，运行排烟温度 239℃，实际热效率也低于 80%。

热媒系统作为工艺装置的热源，其主要优点是可以在常压下实现高温加热，而且具有安全可靠、易于控制、传热效率高的特点。由于终端凝析油品质较好，稳定塔釜控制温度不高，使用蒸汽加热满足条件。而在当前工况不连续的情况下，热媒系统仍需连续运行，造成了能量的浪费。

5.4.2 优化方案

5.4.2.1 措施一：凝液合并处理

东方和乐东气田处理装置段塞流捕集器液相出口管线相互连通，可实现东方和乐东气田处理装置凝析油互补功能。凝液稳定系统设计处理量为 100m³/d，由于两套凝液稳定系统均无法在额定设计处理量下运行，存在频繁的设备启动和关停，能量利用效率低，且不利于设备和装置长周期运行。但由于凝液的量受段塞流捕集器液位控制，导致凝液稳定系统的处理量波动，虽然处理负荷低下，但是在现有流程下难以调控。

因此，通过在东方处理系统新增凝液罐达到稳定凝析油稳定系统处理量的目的，同时引入乐东凝析油进行集中处理，停用乐东稳定装置。这样不仅能降低燃料气消耗，还可以简化操作，降低操作的成本及风险。

5.4.2.2 措施二：稳定塔进料预热改进

通过上述分析可知，稳定塔进料分为冷进料和热进料两股，热进料温度不仅远低于设计温度，而且显著低于稳定塔的实际温度，这主要受稳定塔操作不连续以及稳定进料换热器面积限制。该措施用能改造在提出将东方和乐东凝析油合并处理的同时，优化稳定塔进料换热器面积，通过模拟分析，可以增设东方稳定塔进料换热器一台。通过凝析油合并处理及增加换热器，可使稳定塔进料温度提高到94℃，降低稳定塔再沸器负荷。

5.4.2.3　措施三：导热油加热改蒸汽加热

由于凝析油稳定塔塔底再沸器使用导热油进行加热，东方终端凝析油稳定塔底温度为124℃，乐东终端凝析油稳定塔塔底温度为104℃，均在蒸汽可加热温度范围。东方终端现有的单台导热油炉负荷小，热效率低于80%，造成能量的极大浪费，如果使用蒸汽加热，可取代导热油炉，使用成本更低。

通过上述改进措施后，稳定塔再沸器运行情况如表5-2和表5-3所示，稳定塔运行情况如表5-4所示。

表5-2　东方稳定塔再沸器工艺改进前后运行情况

设备名称	凝析油稳定塔及再沸器（东方）			设备位置	一期、二期
设备编号	E-B107	换热面积	28m²	设计负荷	208kW
运行现状			改造后		
项目	壳程	管程	项目	壳程	管程
介质	凝析油	导热油	介质	凝析油	低压蒸汽
压力/MPa	0.3	0.4	压力/MPa	0.26	0.4
入口温度/℃	123	160	入口温度/℃	120	142
出口温度/℃	124	134	出口温度/℃	124	135
热负荷/kW	160	171	热负荷/kW	128	135

表5-3　乐东稳定塔再沸器工艺改进前后运行情况

设备名称	凝析油稳定塔及再沸器（乐东）			设备位置	三期
设备编号	E-LB106	换热面积	25m²		
运行现状			改造后（停用）		
项目	壳程	管程	项目	壳程	管程
介质	凝析油	导热油	介质	—	—
压力/MPa	0.3	0.4	压力/MPa	—	—

设备名称	凝析油稳定塔及再沸器(乐东)			设备位置	三期
设备编号	E-LB106	换热面积	25m²		
入口温度/℃	101	198	入口温度/℃	—	—
出口温度/℃	102	204	出口温度/℃	—	—
热负荷/kW	28	30	热负荷/kW	—	—

表 5-4 稳定塔改进后运行参数

稳定塔	东方	乐东
设备编号	T-B106	T-LB105
运行方式	连续	停开
稳定塔进料温度/℃	94	—
进料流量/(m³/h)	2.5	—
塔底负荷/kW	128	—

5.4.3 工程改造内容

新增凝液罐一台,乐东、东方段塞流出口凝析油均先进入新增凝液罐,然后凝析油由凝液罐进入东方凝析油处理系统,后续管线不变,同时东方稳定塔新增进料预热器一台。

凝液罐选用浮顶立式圆柱钢罐,设定容积为 80m³,预计投资 21 万元。

稳定塔进料预热器运行参数如表 5-5 所示,预计投资 6 万元。

表 5-5 新增稳定塔进料换热器运行参数

设备名称	凝析油进料换热器	
型号	AES325-2.5-15-4.5/19-2	
热负荷	94kW	
设备编号	E-B103B	
项目	壳程	管程
介质	粗凝析油	凝析油产品
流量/(m³/h)	2.5	2.44
入口温度/℃	46	124
出口温度/℃	94	74

5.4.4　预计节能效果及收益

该方案可将一期凝析油稳定塔再沸器负荷由原来的 171kW 降为 128kW，同时二期凝析油稳定塔再沸器负荷由原来的 30kW 降为 0kW。增加的凝液罐可起到缓冲作用，使系统稳定运行，避免装置频繁波动造成的能源浪费。同时，停用一套凝析油处理系统，可以简化操作，降低操作成本、风险。

稳定塔改用蒸汽加热后可停用一期导热油系统（包括泵等输送设备），每年可减少导热油系统天然气消耗 $10.4 \times 10^4 m^3$，同时蒸汽系统需额外提供低压蒸汽 1t/h。经折算，该方案每年可节约天然气 $7.64 \times 10^4 m^3$，同时可以解决一期导热油炉效率偏低的问题。方案收益见表 5-6。

表 5-6　凝析油稳定系统用能优化收益

序号	实物名称	实物增减	节能量/tce	实物单价	年效益
1	天然气	年减少消耗 $7.64 \times 10^4 m^3$	67.8	0.85 元/m^3	6.5 万元
2	电力	—	—	—	—
		项目收益汇总			6.5 万元

5.5　再生气系统用能优化

5.5.1　再生气系统现状分析

终端一、二期天然气脱水单元使用了分子筛脱水工艺，三期脱水单元则使用三甘醇脱水工艺。再生气加热系统是分子筛脱水系统的重要部分，利用再生气加热炉对再生气进行加热，用于分子筛的再生，使脱水单元能够连续运行。被加热的再生气来自段塞流捕集器下游的再生气分油罐（V-A120），先被送入再生气加热炉，在炉内由 15℃ 被加热到 200℃（东方终端一期显示实时温度分别为 28℃、189℃），加热后的再生气去干燥塔用于分子筛再生。系统中设有必要的温度、压力、流量等控制仪表，对相应的参数根据设定值进行指示、报警、联锁，以保证系统安全运行。如：加热炉出口管线上装有再生气温度指示，超温报警，并与燃烧器进行联锁；烟气出口装有温度显示及超温报警装置。加热系统受脱水系统 PLC 控制，脱水系统根据工艺需要，给加热系统发出启、停炉指令。加热炉负荷的调节，根据工艺要求由设定的再生气出口温度对燃烧器进行自动调节。再生气热吹阶段工艺流程如图 5-4 所示。

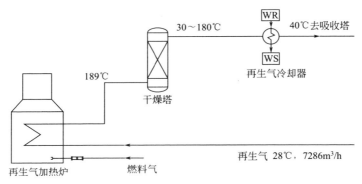

图 5-4　一期再生气热吹阶段工艺流程图

表 5-7 为再生气进料参数，再生气进入加热炉的温度为 28℃，经加热炉加热至 189℃进入干燥器对分子筛进行再生。根据现场 DCS 记录的温度曲线，出干燥器再生气在热吹初始阶段温度为 30℃，之后会逐渐升温至 180℃，由于热吹阶段大部分时间再生气温度较高，再生气需要进入冷却器降温至 40℃，最后回到吸收塔循环。再生气温度达到 180℃后切换为冷吹过程，温度开始下降，一个运行周期中再生气热吹时间为 240min，每个循环周期时长 558min，相当于每天运行 10.34h。

表 5-7　一期再生气进料参数表

项目	数值
流量/（m³/h）	7286
压力/MPa	3.18
温度/℃	28

项目	数值	
组成(摩尔分数)/%	CH₄	55.02
	CO₂	31.67
	N₂	13.31

表 5-8 为再生气加热炉设计工况，天然气消耗值（标准状态）为 240m³/d。根据终端日常能源统计报表，对一期再生气系统现有工况计算分析和校正，结果如表 5-9 所示，计算可得热负荷为 596kW，燃料消耗量（标准状态）为 102m³/h，热效率为 77%。

表 5-8 一期再生气加热炉设计参数

H-G301		设计参数	
		辐射段	对流段
热负荷/kW		800	200
物料	名称	再生气	
	流量(标准状态)/(m³/h)	10000	
	进口温度/℃	55	15
	出口温度/℃	200	55
	操作压力/MPa	3.4～3.3	
	压降/MPa	0.1	
燃料	名称	天然气	
	低热值(标准状态)/(kJ/m³)	24700	
	消耗量(标准状态)/(m³/h)	240	
	进燃烧器压力/MPa	0.4	
	进燃烧器温度/℃	常温	
空气温度		常温	
烟气流量(标准状态)/(m³/h)		2100	
排烟温度/℃		760	470
传热面积/m²		30.88	23.5
热效率/%		73	
外形尺寸(直径×高度)/mm		4716×16000	
总重量/kg		25254	

表 5-9　一期再生气加热炉运行工况参数

项目	数值	
	名称	再生气
	流量(标准状态)/(m³/h)	7286
	进口温度/℃	28
物料	出口温度/℃	189
	操作压力/MPa	3.1～3.0
	压降/MPa	0.1
	热负荷/kW	596
	名称	天然气
	消耗量(标准状态)/(m³/h)	102
燃料	进燃烧器压力/MPa	0.4
	进燃烧器温度	常温
	热负荷/kW	791
热效率/%	77.39	

5.5.2　优化方案

　　原再生气加热系统直接使用加热炉将常温再生气加热至干燥温度，而干燥完之后的热再生气直接送至再生气冷却器进行冷却，有着明显的热量浪费，且需要消耗大量的循环冷却水。将干燥器出口再生气对加热炉进料气进行预热可将进炉温度提高，从而降低加热炉负荷。出干燥器再生气平均温度约为120℃，换热之后再生气加热炉进口平均温度可提高到约90℃，加热炉负荷从596kW降低至377kW，降低约37%。一期再生气热吹阶段改进工艺流程图如图5-5所示。

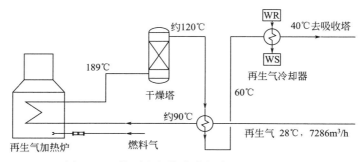

图 5-5　一期再生气热吹阶段改进工艺流程图

东方终端二期再生气部分构造与一期接近。通过模拟计算分析，二期加热炉负荷可以从628kW降低至398kW。表5-10～表5-13分别为一期和二期改造前后的工艺物料参数。

表5-10 一期再生气热吹阶段工艺物料参数

名称	加热炉	干燥塔	冷却器
设备编号	H-G301	V-A947A/B	EQ328
热负荷/kW	596	262	290
管程	名称	冷再生气	热再生气	冷却水
	入口温度/℃	28	189	32
	出口温度/℃	189	120	37
	流量(标准状态)/(m³/h)	7286	7286	50t/h
壳程	名称	—	—	热再生气
	入口温度/℃	—	—	120
	出口温度/℃	—	—	40
	流量(标准状态)/(m³/h)			7286

表5-11 一期再生气热吹阶段改进工艺物料参数

名称	再生气预热器(新增)	加热炉	干燥塔	冷却器
设备编号	EN-01	H-G301	V-A947A/B	E-Q328
热负荷/kW	218	377	262	72
管程	名称	冷再生气	冷再生气	热再生气	冷却水
	入口温度/℃	28	90	189	32
	出口温度/℃	90	189	120	37
	流量(标准状态)/(m³/h)	7286	7286	7286	15t/h
壳程	名称	热再生气	—	—	热再生气
	入口温度/℃	120	—	—	60
	出口温度/℃	60	—	—	40
	流量(标准状态)/(m³/h)	7286	—	—	7286

表 5-12　二期再生气热吹阶段工艺物料参数

名称		加热炉	干燥塔	冷却器
设备编号		H-R301	V-A327A/B	E-Q328
热负荷/kW		628	277	306
管程	名称	冷再生气	热再生气	冷却水
	入口温度/℃	28	189	32
	出口温度/℃	189	120	37
	流量(标准状态)/(m³/h)	7692	7692	50t/h
壳程	名称	—	—	热再生气
	入口温度/℃	—	—	120
	出口温度/℃	—	—	40
	流量(标准状态)/(m³/h)	—	—	7692

表 5-13　二期再生气热吹阶段改进工艺物料参数

名称		再生气预热器(新增)	加热炉	干燥塔	冷却器
设备编号		EN-02	H-R301	V-A327A/B	E-Q328
热负荷/kW		230	398	277	75
管程	名称	冷再生气	冷再生气	热再生气	冷却水
	入口温度/℃	28	90	189	32
	出口温度/℃	90	189	120	37
	流量(标准状态)/(m³/h)	7692	7692	7692	15t/h
壳程	名称	热再生气	—	—	热再生气
	入口温度/℃	120	—	—	60
	出口温度/℃	60	—	—	40
	流量(标准状态)/(m³/h)	7692	—	—	7692

5.5.3　工程改造内容

在再生气加热炉入口处分别新增一台再生气预热器 EN-01、EN-02，管壳程分别为干燥器出口热再生气及再生气分油罐来冷再生气，同时增加相应阀门，以便于检修或遇到其他突发状况时切换回原流程。

新增换热器 EN-01 和 EN-02 具体型号见表 5-14 和表 5-15，预计两台换热器总费用为 50 万元。

表 5-14　一期再生系统新增换热器设备参数

一期再生气预热换热器（新增）			装置区	东方一期	
			设备编号	EN-01	
设备名称	再生气预热器		供货商	—	
			制造厂	—	
类型	列管式		标准规范	—	
规格	BES800-4.0-280-6/19-1		文件号	—	
安装台数	1		制造厂图号	—	
换热面积/m²	280		热负荷/kW	218.6	
项目	壳程	管程	项目	壳程	管程
工艺介质	再生气	再生气	操作温度/℃	30～150	30～180
操作流量（标准状态）/(m³/h)	7286	7286	操作压力/MPa	3.2	3.2
总重/t	9		允许压降/MPa	0.01	0.01

表 5-15　二期再生系统新增换热器设备参数

二期再生气预热换热器（新增）			装置区	东方二期	
			设备编号	EN-02	
设备名称	再生气预热器		供货商	—	
			制造厂	—	
类型	列管式		标准规范	—	
规格	BES800-4.0-280-6/19-1		文件号	—	
安装台数	1		制造厂图号	—	
换热面积/m²	280		热负荷/kW	230.8	
项目	壳程	管程	项目	壳程	管程
工艺介质	再生气	再生气	操作温度/℃	30～150	30～180
操作流量（标准状态）/(m³/h)	7692	7692	操作压力/MPa	3.2	3.2
总重/t	9		允许压降/MPa	0.01	0.01

5.5.4 预计节能效果及收益

增加再生气预热器后，可使再生气加热炉入口再生气温度从28℃提升至约90℃，加热炉负荷降低37％左右。根据核算，预计一期、二期再生气系统可分别节约燃料气（标准状态）378.3m³/d和398.4m³/d，并减少循环水冷却水70t/h。按年运行350d计算，每年可减少再生气加热炉低压燃料气消耗27.2×10⁴m³，折标准煤241.2t，方案收益见表5-16。

表5-16　再生气系统用能优化收益

序号	实物名称	实物增减	节能量/tce	实物单价/(元/m³)	年效益/万元
1	天然气	年减少消耗27.2×10⁴m³	241.2	0.85	23
2	循环水	减少消耗70t/h	—	—	—
		项目收益汇总			23

5.6　自备电站燃气轮机余热回收

5.6.1 自备电站系统运行现状

终端除应急发电机使用柴油作燃料外，其他燃料全部采用天然气。根据生产日报，东方终端每天用于发电消耗的燃料气（标准状态）为4.9×10⁴m³/d，每天发电量为8.7×10⁴kW·h。表5-17为燃气轮机发电机组能量转化情况，据表可知当前自备电机热效率仅为22.98％。自备电站燃气轮机发电工艺流程如图5-6所示。

燃气轮机发电后会产生约590℃、80t/h的烟气，现有工况直接放空，造成了能量的大量浪费。表5-18为自备电站电机的设计及运行参数。

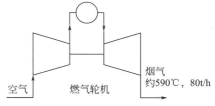

图5-6　自备电站燃气轮机发电工艺流程

表 5-17 燃气轮机发电机组能量转化参数

设备名称	燃气轮机发电机组
设备数量	1
脱碳气消耗量(标准状态)/(m³/d)	49084
脱碳气消耗量/(kg/d)	42486
脱碳气烃含量/(kmol/d)	1705
脱碳气烃含量/(kg/d)	27277
脱碳气能量/(kcal/d)	32757×10^4
产出电力/(kW·h/d)	87384
能量输出/(kcal/d)	7526×10^4
有效能输出/(kcal/d)	7526×10^4
热效率/%	22.98
㶲效率/%	22.98

表 5-18 燃气轮机发电机组设计及运行参数

设备型号	ГТЭ-6НВ.71.01				
技术指标	设计参数				运行参数
燃气轮机入口空气温度/℃	1.4	15	24.7	38.8	28
发电机端功率/kW	6950	6000	5210	4150	3641
按发电机端功率计算的效率/%	31.3−1.0	30.0−1.0	28.7−1.0	26.3−1.0	22.98
燃料小时流量/(kg/h)	2480+80	2230+80	2030+70	1760+70	1770
燃气轮机排气量/(kg/s)	32.9±1.0	30.0±1.0	27.7±1.0	24.0±1.0	22.22
燃气轮机排气温度/℃	415+20	430+20	440+20	455+20	455
动力涡轮转速/(r/min)	3000	3000	3000	3000	—

5.6.2 余热利用技术

利用天然气在燃气轮机中直接燃烧做功，使燃气轮机带动发电机发电，此时为单循环发电，发电效率一般低于 40%。如果再利用燃气轮机产生的高温尾气，通过余热锅炉，产生高温高压蒸汽后推动蒸汽轮机，带动发电机发电，此时为双循环（即联合循环）发电（GTCC）。

图 5-7 为燃气-蒸汽联合循环 T-S 图，燃气-蒸汽联合循环将燃气循环（brayton cycle）和蒸汽循环（rankine cycle）联合在一起。根据热

力学原理，理想热力循环的效率为 $\eta = 1 - T_2/T_1$。式中，T_1 为热源平均吸热温度；T_2 为冷源平均放热温度。该公式表明，平均吸热温度越高，冷源平均放热温度越低，则循环效率越高。燃气-蒸汽联合循环中的高温热源温度（透平初温）高达1100~1300℃，远高于蒸汽循环热源温度，冷源平均

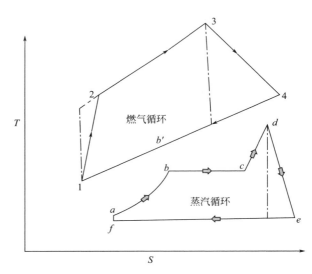

图 5-7　燃气-蒸汽联合循环的 T-S 图

放热温度即为凝汽器温度 29~32℃，远低于燃气循环排气温度，即联合循环的热效率比其他任何一个循环的热效率都高得多。

联合循环的形式是多种多样的，最常见的有余热锅炉型联合循环、排气补燃型联合循环、增压燃烧过滤型联合循环和加热过滤给水型联合循环。它们已经比较广泛地应用于天然气或液体燃料的电站中，或者用来改造现有的燃煤电站，既能携带基本负荷和中间负荷，又能承担调峰任务。表 5-19 为几种常见联合循环改造方案的比较。

表 5-19　几种联合循环改造方案的特点比较

	余热利用型	排气再燃型	给水加热型
改造方案	① 增设余热锅炉	① 锅炉风箱改造	① 增设燃气给水加热器
	② 增设烟囱	② 增设燃气轮机与锅炉排热回收装置	② 增设烟囱
	③ 增设锅炉脱硝装置	③ 增设或改造脱硝装置	③ 增设脱硝装置
	④ S_T/G_T 出力比约为 0.5	④ S_T/G_T 出力比约为 2~5	
效率	高	中	低
改造范围	大	中	小

	余热利用型	排气再燃型	给水加热型
改造方案	① 增设余热锅炉	① 锅炉风箱改造	① 增设燃气给水加热器
	② 增设烟囱	② 增设燃气轮机与锅炉排热回收装置	② 增设烟囱
	③ 增设锅炉脱硝装置	③ 增设或改造脱硝装置	③ 增设脱硝装置
	④ S_T/G_T 出力比约为 0.5	④ S_T/G_T 出力比约为 2~5	
施工期/月	12~24	6	3

结合东方终端的能量系统现状可知，终端的电力消耗分为自产和外购，当前自产电力 $2577.5 \times 10^4 kW \cdot h$，外购电力 $1455.3 \times 10^4 kW \cdot h$，电力外购比例 36%。从生产调度和安全方面考虑，当前电力外购比例已经处于一个合适的水平。如果继续增产电力，则外购电力将进一步下降，不利于生产装置的平稳运行。当前终端的热力来源包括两部分：一部分来自天然气压缩用的燃气轮机的余热锅炉；另一部分来自蒸汽锅炉，蒸汽锅炉消耗厂内的天然气。因此，考虑现状，适合采用"余热利用型"改造现有的燃气轮机，即主要需要增设余热锅炉产生蒸汽。

5.6.3　优化方案

图 5-8 为自备电机排气温焓图，改造后将现有的 590℃ 烟气通入余热锅炉，烟气加热给水产生蒸汽，工艺流程如图 5-9 所示。

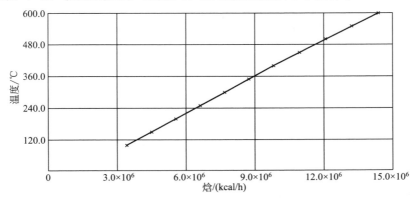

图 5-8　自备电机排气温焓图

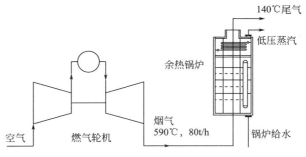

图 5-9　余热回收发蒸汽工艺流程

表 5-20 为燃气轮机废气余热回收后运行的工艺参数，设计废气回收起始温度为 590℃，废气流量为 80t/h，回收终止温度为 140℃，共计可产生蒸汽 16t/h，总回收热量为 10218kW。

表 5-20　燃气轮机废气余热回收工艺参数

废气流量/(t/h)	80.0
废气起始温度/℃	590
废气终止温度/℃	140
总回收热量/(kcal/h)	$880×10^4$
省煤器进水温度/℃	70
蒸汽压力/MPa	0.35
蒸汽温度/℃	140
蒸汽流量/(t/h)	16

5.6.4　工程改造内容

增设余热锅炉一台、凝结水泵一台、低压汽包一台，设备总投资预计 590 万元。设计参数分别如表 5-21～表 5-23 所示。

表 5-21　余热锅炉设计参数

余热锅炉(新增)	设备编号	H-0001N
项目	蒸发段	省煤段
热负荷/(kcal/h)	$840×10^4$	$40×10^4$

余热锅炉(新增)		设备编号	H-0001N
冷介质	名称	水	
	流量/(t/h)	16	16
	进口温度/℃	95	70
	出口温度/℃	140	95
	操作压力/MPa	0.35	0.35
热介质	名称	烟气	
	流量/(t/h)	80	80
	进口温度/℃	590	155
	出口温度/℃	155	140
	操作压力/MPa	—	—
废热回收率/%		73	
总重量/t		71	
预计投资/万元		480	

表 5-22 凝结水泵设计参数

型号	设计选型
扬程/m	80
轴功率/kW	5
排量/(m³/h)	16
效率/%	70
预计投资/万元	10

表 5-23 低压汽包设计参数

型号	设计选型
设计压力/kPa	650
操作压力/kPa	350
设计温度/℃	190
操作温度/℃	140
蒸发量/(t/h)	16
总重量/t	18
预计投资/万元	100

5.6.5 预计节能效果及收益

增设余热锅炉后可生产低压蒸汽 15t/h（0.35MPa，140℃），同时停开现有部分蒸汽锅炉，相当于每天节约燃料气（标准状态）36791m³，每年可节约燃料气 1214.1×10⁴m³，折标准煤 10766t。余热回收方案收益见表 5-24。

表 5-24　余热回收方案收益

序号	实物名称	实物增减	节能量/tce	实物单价/（元/m³）	年效益/万元
1	天然气	年节约燃料气 1214.1×10⁴m³	10766	0.85	1032
项目收益汇总					1032

5.7　自备电站燃气轮机余热回收补燃改造

5.7.1 自备电站系统运行现状

自备电站系统运行现状分析见本章前述。

5.7.2 优化方案

增设余热锅炉，利用自备电站燃气轮机约 590℃、80t/h 的排气，并补充新鲜燃料，生产低压蒸汽 26.4t/h，替代现有全部产汽锅炉。余热回收补燃发蒸汽工艺流程如图 5-10 所示。

表 5-25 为燃气轮机部分补燃回收运行工艺参数，设计废气回收起始温度为 590℃，废气流量为 80t/h，回收终止温度为 140℃，共计可产蒸汽 26.4t/h。

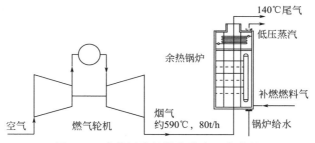

图 5-10　余热回收补燃发蒸汽工艺流程

表 5-25　燃气轮机废气余热回收补燃改造工艺参数

来自燃气轮机废气流量/(t/h)	80.0
废气起始温度/℃	590
补燃脱碳气量/(kg/h)	850
烟气总量/(t/h)	80.85
排烟温度/℃	140
总热负荷/(kcal/h)	1538×10^4
省煤器进水温度/℃	70
蒸汽压力/MPa	0.35
蒸汽温度/℃	140
蒸汽流量/(t/h)	26.4

5.7.3　工程改造内容

　　增设部分补燃余热锅炉一台、凝结水泵一台、低压汽包一台，设备总投资预计 774 万元。设计参数分别如表 5-26～表 5-28 所示。

表 5-26　部分补燃余热锅炉设计参数

部分补燃余热锅炉		设备编号	H-0001N
项目		蒸发段和补燃段	省煤段
热负荷/(kcal/h)		1432×10^4	106×10^4
冷介质	名称	水	
	流量/(t/h)	26.4	26.4
	进口温度/℃	110	70
	出口温度/℃	140	110
	操作压力/MPa	0.35	0.35

热介质	名称	烟气	
	流量/(t/h)	80.85	80.85
	进口温度/℃	737	181
	出口温度/℃	181	140
	操作压力/MPa	—	—
废热回收率/%		73	
补燃热效率/%		>95	
总重量/t		90	
预计投资/万元		590	

表 5-27 凝结水泵设计参数

设备编号	—
型号	设计选型
扬程/m	80
轴功率/kW	12.5
排量/(m³/h)	40
效率/%	70
预计投资/万元	14

表 5-28 低压汽包设计参数

设备编号	—
型号	设计选型
设计压力/kPa	650
操作压力/kPa	350
设计温度/℃	190
操作温度/℃	140
蒸发量/(t/h)	27
总重量/t	29
预计投资/万元	170

5.7.4 预计节能效果及收益

增设补燃式余热锅炉，可替代现有全部产汽锅炉。经计算，补燃消耗燃料气（标准状态）1094m³/h，生产低压蒸汽（0.35MPa，140℃）26.4t/h，扣除补燃气后可节约天然气 1270.3×10⁴m³，折合标准煤 11265t。余热回收补燃改造方案收益见表 5-29。

表 5-29 余热回收补燃改造方案收益

实物名称	实物增减	节能量/tce	实物单价/（元/m³）	年效益/万元	项目收益汇总/万元
天然气	年节约燃料气 1270.3×10⁴m³	11265	0.85	1080	1080

5.8 方案汇总及分析

东方终端节能潜力优化方案汇总见表 5-30。

表 5-30 东方终端节能潜力优化方案汇总

序号	措施名称	预计效果	单元耗能降低/%	总能耗降低/%	投资/万元
1	脱碳系统操作优化	操作优化，节能量视调节情况变化而不同	—	—	—
2	凝析油稳定系统用能优化	年减少燃料气消耗 7.64×10⁴m³，停用一套凝析油系统及一期导热油系统	36.3	0.13	27
3	再生气系统用能优化	年减少低压燃料气消耗 27.2×10⁴m³，减少循环冷却水消耗 70t/h	34.3	0.5	50
4	燃气轮机余热锅炉改造	年节约低压燃料气 1214.1×10⁴m³	53.2	21.3	590
5	燃气轮机部分补燃余热锅炉改造	年节约低压燃料气 1270.3×10⁴m³	55.6	22.4	774

上述优化方案如能实施，能够一定程度上集中公用工程，提高能量利用效率，同时能够回收大量能量，在保证原工艺正常的情况下，使装置间资源的调配更加合理。通过停用部分冗余设备，可以减少终端的操作成本及降低操作风险，减少运行维护费用，能够达到较好的经济效果。

参 考 文 献

[1] 吕红岩. 天然气膜法脱碳技术应用研究 [J]. 石油和化工设备，2018，21（5）：19-22.

[2] 屈紫懿，等. 电厂烟气膜法脱除 CO_2 吸收剂的研究进展 [J]. 现代工业经济和信息化，2016（8）：32.

[3] 周声结，贺莹. 国内大规模 MDEA 脱碳技术在中海油成功应用：以中海油东方天然气处理厂为例 [J]. 天然气工业，2012，32（8）：35-38.

[4] 彭修军，等. 活化 MDEA 脱碳溶剂 CT8-23 的研究 [J]. 石油与天然气化工，2010，39（5）：402-405.

[5] 颜晓琴，等. 热稳定盐对 MDEA 溶液脱硫脱碳性能的影响 [J]. 石油与天然气化工，2010，39（4）：294-296.

[6] 张宏伟. BASF 活化 MDEA 脱碳工艺的应用 [J]. 化工设计，2005，15（6）：3-4.

[7] 赵杰瑛. 天然气脱碳系统中活性炭全生命周期管理 [J]. 化学工程与装备，2017（11）：88-89.

[8] 赵强，等. 天然气脱碳工艺中 MDEA 溶液的运行管理 [J]. 中氮肥，2017（6）：15-17.

[9] 吴桂波. 天然气脱碳系统 MDEA 溶液起泡及设备腐蚀分析 [J]. 大氮肥，2018（1）：21-24.

[10] 贾孝宇. MDEA 脱碳技术应用浅析 [J]. 化工管理，2014（3）：64-65.

[11] 李景辉，等. 醇胺法天然气脱硫脱碳装置有效能分析与节能措施探讨 [J]. 现代化工，2018（6）：185-191.

[12] 张磊，等. 高含 CO_2 天然气脱碳工艺中 MDEA 活化剂优选 [J]. 石油与天然气化工，2017，46（4）：22-29.

[13] 李志敏，等. 苏里格气田 MDEA 法脱碳工艺技术应用 [J]. 科技经济导刊，2018，26（3）：74.

[14] 肖俊，等. 天然气脱硫脱碳工艺综述 [J]. 天然气与石油，2013，31（5）：34-36.

[15] 李宁. 脱碳工艺节能技术在天然气净化中的运用 [J]. 工业技术，2017（11）：127-128.

[16] 赵杰瑛. 中海油东方终端脱碳系统旁滤流程改造及应用 [J]. 化学工程与装备，20015（9）：41-45.

[17] 朱光辉. 东方终端三套脱 CO_2 装置工艺设计特点分析 [J]. 中国石油和化工标准与质量，2012，33（12）：31-32.

[18] 李必忠，等. 东方终端二期脱碳装置运行问题浅析及解决办法 [J]. 石油与天然气化工，2008，37（5）：401-405.

[19] 杨勇，陈肇日，刘祖仁，林涌涛. 脱碳系统闪蒸气回收利用的实践 [J]. 应用能源技术，2010（1）：6-9.

[20] 陈赓良，等. 天然气脱硫脱碳工艺的选择 [J]. 天然气与石油，2014，32（6）：29-34.

［21］ 陈颖，等.天然气脱硫脱碳方法的研究进展［J］.石油化工，2011，40（5）：565-570.

［22］ 李亚萍，等.MDEA/DEA脱硫脱碳混合溶液在长庆气区的应用［J］.天然气工业，2009，29（10）：107-110.

［23］ 李小飞，等.胺法脱碳系统再生能耗［J］.化工学报，2013，64（9）：3348-3355.

［24］ 陈赓良.醇胺法脱硫脱碳工艺的回顾与展望［J］.石油与天然气化工，2003，32（3）：13-16.

［25］ 王波.几种脱碳方法的分析比较［J］.化肥设计，2007，45（2）：34-37.